GHI 4
DEF 3
ABC 2
1
JKL 5
MNO 6
PRS 7
TUV 8
WXY 9
Z OPERATOR 0
Nº 96cc
FABRIK-MARKE
L. Leichner
BERLIN
MADE IN GERMANY
OUTDOOR GIRL
THE OLIVE OIL
FACE POWDER
Jane Moore
CAKE MAKE-UP
PETALIA
TOKALON
ROUGE
CORAL
BOURJOIS
LONDON-PARIS
Yardley England
EUROPE
North America
AFRICA
FLY B·O·A·C
ASIA
SOUTH AMERICA
AUSTRALASIA
Evening in Paris
MARY
QUANT
TAN TRAP
clear
ROUGE
ROSETTE BRUNE
BOURJOIS
LONDON PARIS
HOUSE OF WESTMORE
DISTRIBUTOR
HOLLYWOOD, CAL.
NEW YORK, N.Y.
NET CONTENTS
5/16 OZ.
FOUNDATION CREAM
OXZYN
NATURAL

后浪

FACE PAINT
彩 妆 传 奇
THE STORY OF MAKEUP

Lisa Eldridge

［英］丽莎·埃尔德里奇 著　　钟潇 译

北京联合出版公司
Beijing United Publishing Co.,Ltd.

FACE PAINT

谨以此书献给母亲

她的化妆品为我打开了通往这个世界的大门

目 录

引 言

人类化妆的历史已逾千年，然而时至21世纪，“为何化妆”和“如何化妆”的概念早已被颠覆。如今，我们“对镜贴花黄”时，完全可以在数百种彩妆时尚和风格中任意选择，在色彩各异、价格亲民（其中不乏贵妇级产品）的产品中随心挑选，同时不用担心遭受责难，不过这些都是当代人才有的待遇。然而，想要真正了解化妆是如何发展成为一门艺术的，少不了要回顾并探索人类与化妆品之间的关系演进，探寻对美的追求成就了如今价值数十亿的相关产业的非凡旅程。

自孩童时期起，化妆品就令我着迷。起初，比起化妆的欲望，化妆品的色彩、气味、历史感和它们本身更令我倾心。家族友人作为生日礼物送给我的一本舞台化妆书籍，让13岁的我立志要成为化妆师。从那时起，研究彩妆历史、追踪当今彩妆时尚、探寻未来彩妆潮流就成了我生活的全部。我开始收藏化妆品类古玩，比如粉饼盒和20世纪90年代生产的复古胭脂。伦敦的波托贝洛集市（Portobello Market）见证了我化妆品古董收藏的首次斩获，那时，内心迸发的兴奋让我毕生难忘。

人类自冰河时期起就开始使用颜料和油脂来改变皮肤的外观了，这是化妆艺术的开端。

化妆品流光溢彩。

直到现在，我又淘到了几件稀罕宝贝时，依旧兴奋难抑。过去的20年中，我为时尚杂志、广告宣传和时装秀上的模特儿和名流打造妆容。除了通过制作电视节目和网络视频来教会广大女性如何把我所掌握的专业技能和了解的彩妆趋势转化成她们脸上的妆容之外，我还曾供职于资生堂（Shiseido）、博姿的N°7（Boots N°7）等诸多世界知名彩妆品牌，并于近日加入法国兰蔻（Lancôme），我还拥有多年作为创意总监的工作经验。诸多国际品牌的供职经历让我得以了解化妆品制造、推广和销售的各个环节，洞悉全球审美的差异。化妆品制造对我产生了出乎意料的巨大吸引力（可我在读书时并不擅长化学），我不断学习和了解化妆品未来的技术发展，那种热切程度和我对化妆品历史的迷恋有得一拼。我对化妆品的色彩和化妆品本身的喜爱萌发的情感，随着对化妆品制造过程的了解不断加深，最后通过这本书实现了圆满。

本书的研究和写作过程中，最让我头疼的部分就是内容的取舍。要把那么多趣闻、逸事和引人入胜的研究全部收入，书的厚度可能会翻十倍。所以，我最后不得不选择那些我认为最有意思的部分写进书里，并且希望各位读者也能喜欢。就内容的组织结构而言，我选择按照主题划分，而不是按照年代顺序叙述。一方面是因为我认为按照主题划分更容易引起读者的兴趣，同时更是因为历史上的事件多有重叠、反复，并以互相影响而非总是线性的方式发展。此外，我必须严格把笔墨集中在化妆品上，因为化妆品的历史和香水、护肤品和美发产品的发展密不可分，但是任一主题都过于庞大，我只能在绝对必要的时候粗略谈及。我关于“彩妆缪斯”的描述贯穿全书，她们不仅改变了外界对女性的看法，而且重新定义了女性的形象。她们都是开拓者，是打破常规的勇士，配得上一切带有开拓进取意味的标签，她们也是时下诸多穿搭风尚的灵感来源。

这是一个激情四溢的行业，里面有我认为值得讲述的故事。我的终极梦想是，本书的任何一个读者都能改变对自己化妆包的看法，并以全新的视角来审视女性的历史。

大自然为古代人的化妆包提供了所需的一切原料。

序

化妆文化史

美国食品药品监督管理局（U. S. Food and Drug Administration）如今把化妆品定义为一切“通过涂抹、倾倒、喷洒、喷雾、植入或其他方法应用到人体上，以达到清洁、美化、修饰或改变外观目的”的产品。根据该定义，人类自冰河时期起就开始使用颜料和油脂来改变皮肤的外观了，这是化妆艺术的开端，激发了人类的奇思妙想。不过，促使我们化妆的动力是什么呢?

人类学家认为，人类最早在面部和身体上化妆可能是为了避免受到某些物质的侵害、进行伪装或是宗教仪式所需。南非山洞出土的文物中发现了大量红赭石（因为含有赤铁矿而呈现微红色的一种颜料），年代预计可追溯到10万至12.5万年以前。由于出土文物的山洞中没有发现壁画和装饰性工艺品，考古学家认为这些赭石是用于身体和面部的化妆品——英国雷丁大学考古学与人类学教授史蒂文·米森（Steven Mithen）称之为“史前化妆品”。除了化妆，颜料也被用来凸显对部落的忠诚和恐吓敌人（古代不列颠人在奔赴战场之前会用菘蓝植物叶子制成的染料把脸涂成蓝色，可以充分说明这一点）。

化妆是人类的本性，就像我们需要食物和睡眠一样。

摄影：Irving Penn；版权所有：Condé Nast，*Vogue*，1994 年 11 月

优秀的画家只需要三种颜色：
黑、白和红。
——提香（Tiziano）

随着时间的推移，装饰性的面部彩妆逐渐与美容、社会地位和保持青春容颜联系在一起，而从18世纪开始，化妆与时尚的关系日益紧密。

不论化妆的动力是什么，古代的化妆品色彩鲜艳夺目——色素、颜料、粉末、膏体，种类繁多，不一而足。不比其他方面，单是这色彩中焕发的生气，就丝毫不输现代的化妆盘。化妆品可不是你随意逛逛，一时兴起就能买的，其成分的复杂，制作过程的严谨，是如今的我们难以想象的，除了红、绿、黑、黄、蓝、白这几种从古代就开始使用的基本颜料外，人类开始开发并使用化妆品的时间不过几百年。大自然为古代人的化妆包提供了所需的一切原料：白垩、氧化锰、碳、天青石、铜矿石、红赭石和黄赭石，几乎装点了世界的每一个角落，从巴布亚新几内亚的土著居民和部落，到两河流域和埃及的古老文明。不难看出，化妆的需求就像需要食物和睡眠一样，是人类的本性。在这本书里，我将揭开早期化妆品的面纱，由此探索现代化妆品的起源，展现古代颜料和色素对现代化妆品的诸多贡献。

化妆品的历史繁复庞杂，跨越千年，我们对很多部分只能加以推测和臆想。幸运的是，考古发现和艺术及文学作品中的记录让我们能够逐渐了解化妆的历史：那时化妆品的颜色和流行的色号，化妆品的制作方法，以及最关键的问题——社会如何看待和评价化妆的女性。

现代化妆品的发展要归功于古代的颜料和色素。

第一部分

古代化妆颜料

正在涂唇彩的女人

《祇园舞伎千代肖像》，桥口五叶（Hashiguchi Goyo），1920

大正九年 二月

第1章

红

彩妆中永不褪色的经典

胭脂是现存历史最悠久、用途也最多样的化妆单品，在过去的几千年中被用来给嘴唇和脸颊上色。虽然在不同时期，时尚和社会对化妆品的认知差异使得历史上胭脂的使用程度不尽相同，但是红色的地位却从未被动摇。当今的胭脂被冠上了不同的名称，从传统的粉质胭脂到液体胭脂、口红和唇彩，以及各式用于唇部和脸颊的膏状及啫喱状的产品。不过，为什么它能成为我们化妆包里最受欢迎、地位最为稳固的单品呢？又是什么促使全球一代又一代女性在脸上擦上一抹绯红呢？

想要找到答案，或许要从了解红色和它引起的丰富联想开始。虽然在不同文化中，红色的含义略有差异，但它总是和吸引、爱、热情、青春和健康联系在一起。在东方文化中，红色通常象征着喜庆，所以中国、印度和越南的新娘在婚礼上通常身着红色礼服。它在戏剧中也具有象征意义，在中国京剧和日本歌舞伎的脸谱中被大量使用。当然，红色也有其非常不同的内涵意义——它是鲜血、危险和革命的颜色，也是一些政党团体的象征。

烈焰红唇拥有一种神秘的本领，似乎既秉承了历史和传统的遗韵，又丝毫不失现代和大胆。

如果我们单纯从化妆品本身和它的功能来看，使用胭脂的目的就是给皮肤增添一抹红晕。进化心理学家南茜·埃特考夫（Nancy Etcoff）曾指出，红色的魅力来自于它能产生纯粹的、生理上的吸引力：“脸颊上的红晕和嘴唇上的烈焰都是性信号，是在模拟一种年轻、还未生育、健康而有活力的状态。”对红色经久不衰的吸引力的另一科学解释是，红色是人类可视范围内波长最长的颜色，意味着和其他颜色相比，红色能够激发起我们更加强烈的潜意识反应。试想一下，你走进一个红色的房间，它对你产生的作用，以及深深浅浅的红色是如何迅速吸引你的目光的。埃特考夫做出了一个完美的总结：“红色是鲜血的颜色，是害羞和激动时的潮红，是性欲高涨时乳头、嘴唇和生殖器的颜色。距离再远，红色也清晰可见，让人心神荡漾。”

最古老的的胭脂是混合氧化铁和动物脂肪或者植物油制成的红赭石棒，这种颜料棒的外形和尺寸和如今诸多品牌旗下较粗的眼影棒无异。到了19世纪，胭脂开始在药店销售，当时的胭脂由手工制成，原料各异，所以色调和质地有所差异。人们会晒干胭脂虫，用以生产鲜红的胭脂红色素。虽然红丹、朱砂、硫化汞等矿物质毒性剧烈，但都曾被用来制造烈火般的鲜红颜料；蔬菜和其他植物的提取物——例如从红花中提取的红花黄色素、从紫草根中提取的紫草红、从捣碎的桑葚和草莓中获取的深红色、红甜菜汁和红苋菜——都曾被用来制造或柔和或浓烈，色调不一的红色和粉色。

早在公元前一万年，古埃及就贡献出了面部化妆颜料和化妆品的杰作。古埃及人精通化学，热衷化妆，通过混合不同原料制造出了润肤霜、眼线、唇彩、胭脂和指甲油等化妆品。他们将由各种天然产物——包括茎块类植物和矿物质——制成的粉末撒在调制盘、碟子和勺子里，加入动物脂肪或植物油进行搅拌，以改变混合物的质地，保证在眼部、嘴唇和脸颊上不会脱落。早期坟墓中出土了诸如调色板、研磨器和涂抹器等用

部落红

放眼历史，红色不止被用在嘴唇和脸颊上，许多古代和现代部落因在面部和身体上大量使用红色而著称。人类学家阿尔弗雷德·盖尔（Alfred Gell）认为其中一个原因是“全新或被修饰过的皮肤等同于全新或被改变的人格”。这个理论乍听之下很有说服力，但是部落选择红色来装饰脸部和身体的背后有诸多原因。首先，传统的重要性不能被忽视；其次，现代世界的影响正在日渐渗透。居住在非洲纳米比亚北部的辛巴（Himba）部落从 16 世纪开始饲养牛羊。部落的女性因为独特的发型而出名，她们的头发根据年龄和婚姻状况编成不同的造型；同样让她们远近闻名的还有独特的化妆品，部落的女性用红赭石和动物油脂制成混合物，每天都用这种颜料将自己的面部、身体、头发和饰品涂满。辛巴语中被称为“otjize”的赭石混合物，能赋予肌肤令人惊艳的红光，和大地的色彩相互呼应，被认为是辛巴部落文化中美的极致。虽然使用该混合物的主要目的是装饰自己，但它同样也能让该族人的皮肤免受烈日暴晒。

一位受训中的年轻艺伎正在用附着在罐壁上的干性红花颜料给嘴唇上色，颜料湿润后就会变成鲜艳的红色。从江户时代开始，日本人就用这个方法来涂口红了。

《妇科疾》

继诸多古代著作之后，下一部聚焦化妆品的重要书籍就是《妇科疾》（*Trotula*）。这部著作由三本关于女性疾病用药的书组成，于12世纪在意大利城市萨莱诺（Salerno）完成。书中有一个名为“论女性化妆品”的章节，主要论述了如何永葆青春、提升美貌。根据书中提及的内容可以判断出，这个章节的执笔人似乎是一位男性，而其他章节则由女性撰写。《妇科疾》为读者深入了解当时意大利的传统提供了许多有趣的内容，包括以下这段对产自萨莱诺的胭脂的描述：“萨莱诺的妇女把红泻根和白泻根的根部浸入蜂蜜，然后把蜂蜜涂抹在脸上，面部便会奇迹般地变得红润。”

于混合的工具，暗示这些工具不仅在日常生活中占据重要的地位，在来生的重要性也丝毫不减。令人惊艳的眼妆是埃及人（在美妆界）被铭记的主要原因，但他们也同样因为大胆运用红色而出名。古埃及人用油脂和赭石红混合制成原始口红，打造出烈焰红唇。腮红的成分和口红相同，可能会用蜡或树脂进行混合，给双颊带去嫣红色的光泽，不过这种光彩被翠绿色的眼影和描着深黑色眼线的电眼所中和，退为配角。

在研究古代化妆品使用的过程中，我们很快就会发现，女性在特定时期拥有的自由和权利与她们化妆的自由紧密相关。

通常来说，在女性受压迫最强烈的年代，化妆品也会备受非议，被视为无法接受。比起后几个世纪，古埃及的女性实际上拥有相当大的自主权，她们可以拥有和继承土地与财产（据美国记者威尔伯在埃及购买的莎草纸记载，10%～11%的土地所有者是女性），经营自己的生意，并对男性提出法律诉讼。高强度的体力劳动并不会招来厌恶，一些底层的古埃及妇女以出卖体力谋生。虽然古埃及是最早使用化妆品的社会之一，但考虑到上述原因，它能成为最具实验性和包容性的社会之一也就不足为奇了，遗憾的是，后期的其他文明却非如此开明。

在伊朗，考古学家在克尔曼省（Kerman）的沙赫达德（Shahdad）发现了胭脂最早的痕迹，当地每一个坟墓中都能找到数量可观的白色粉末。在储藏白色粉末的船只的船底（这种白色粉末被男性和女性用作粉底），考古学家找到了涂成红色的金属小碗和浅碟，他们认为这些是曾装

红色能够自我保护。没有一种颜色能像红色一般
充斥着领地意识，它宣示了自己的领土主权……

——《色彩的浓度》（*Chroma*），德里克·贾曼（Derek Jarman）

过口红和腮红的容器。

胭脂在当地被称为“surkhab”“ghazah”和“gulgunah”，由赤铁矿和红色大理石粉末，甚至是纯红色土壤制成，其中还会加入茜草等天然红色染料。沙赫达德等地的早期遗址发掘显示，人们在青铜时代之前就开始使用胭脂。在建于公元前5至前4世纪的一位伊朗女性的坟墓中，考古学家有了最新发现，他们找到了用一块已被染红的棉布块上妆的胭脂，而这种使用方法似乎一直延续到恺加王朝（Qajar Dynasty）。

早在公元前4世纪的古希腊，女性们就开始使用胭脂给嘴唇和脸颊增加一抹青春的红润。她们把胭脂涂抹在苹果肌上，手法和我们使用现代的腮红时一样。希腊人使用的胭脂由多种天然产物制成，包括海藻、老鼠簕属植物和类似紫草根的根茎作物。欧洲中部和南部居民种植这种根茎植物，用来提取染料，提取的过程中需要使用油脂和酒精。之后，人们开始使用朱砂色来制作胭脂，这种红色的色素是从粉末状的辰砂中提取的，是红色硫化汞的衍生物。然而和所有汞类衍生物一样，这样的胭脂在长期使用下会产生毒副作用。虽然人们还在使用化妆品，但惹眼的妆容普遍会招来厌恶，尤其是男性精英的反感。在他们眼中，贤良淑德、安分守己、以家为业才是女性在生活中的主要形象。正如古希腊哲学家亚里士多德所说：“两性相较，男性生来优越，而女性次之；男性统治，而女性臣服。”

我们或许认为城邦较为先进发达，但是雅典城邦女性的生活却最受限制和管控。她们被鼓励留在家中，这使得她们不仅和外部世界隔离，也和周遭城市的政治生活无缘。公元前6至前4世纪，女性“被剥夺了财产所有权，也无权参与政治事务、法律事务和战争”。女性的公民权不被认可，因此，她们不得不继续生活在男性亲属的控制和庇护中，连婚姻大事都无权做主。政府甚至设立了办公室，来监管女性在公共场合的行为举止。女性生活的方方面面都要被监控和评判，如此看来，女性使用化妆品会引来诸多争议也并不令人意外。常态之下也有例外，交际花们通常都是浓妆艳抹的，而颇为讽刺的是，她们也因此拥有了更多的权利。她们被允许参与讨论和管理自己的钱财。有趣的是，交际花、职业情妇和妓

女比其他女性拥有更多的自由和权利（除了化妆方面），这个规律在不同时期被不断地重复。

希腊作家色诺芬（Xenophon）在以家政管理为主题的语录体著作《经济论》（*Oeconomicus*）中明确指出，使用胭脂是不诚实的行为，因为它掩盖了女性天生的容貌。

> “作为你肉体的伴侣，”我说，“我是应该在确认自己的身体健康又强壮之后把它献给你，而我也会因此容光焕发，还是应该用朱砂糟蹋自己，在脸颊上涂上鲜肉的颜色，然后把自己展现给你并拥抱你呢？然而我始终在欺骗你，给你看的是朱砂，给你摸的是假皮肤。我怎样做才更值得被爱呢？”

鉴于古希腊女性教育的缺失和权利的缺乏，所有关于化妆品的手稿都出自男性笔下，就显得合乎逻辑了。但是，男性谈及化妆品时竟能写出如此长篇大论，着实让人震惊。不论是在诗歌、散文还是信件中，化妆品都被反复提及。此外，化妆品的使用被一一描述、赞扬和斥责，可见这个话题着实是众说纷纭，褒贬不一。

在写过化妆品的男性作家中，色诺芬的作品对我们了解古希腊人的化妆术至关重要，后来的罗马诗人和作家奥维德（Ovid）也同样关键。与色诺芬不同，奥维德似乎非常赞同使用化妆品，这在当时实为罕见。为了给自己做一个道德免责声明，他承认并强调贤良淑德是女性至上的美德，然而，他笔下的说教性诗歌《女性化妆品》（*Medicamina Faciei Femineae*）中却囊括了诸多肌肤护理方法。罗马作家和哲学家老普林尼（Pliny the Elder）也曾记录过几种护理肌肤的配方，里面有老鼠粪和猫头鹰脑等听上去很奇特的成分。相较之下，奥维德的护肤术有效的可能性更大。写于公元2世纪的指导性诗歌《爱的艺术》（*Ars Amatoria*）就两性关系提出了建议，这些建议放到现代也毫不过时，令人惊叹（它类似一本古代约会指南）。诗歌的第三卷为女性提供了化妆方法和礼仪的全方位建议，其中提到女性需要懂得用“胭脂红颜料给肌肤带去玫瑰的色彩，以弥补先天不足”，还提及以玫瑰花瓣和罂粟花瓣为原料来制作腮红。

虽然遭受怀疑和非难，化妆品依然是日常生活的一部分，在古罗马时期也被广泛使用。考古学家找到了各式装化妆品的容器（带盖的小瓶子）——其中一些由价格低廉的常见材料制成，比如木头和玻璃，下层市民通常用这类容器装化妆品；有的容器外观华丽，用贵重金属制成，使用者多为富人和贵族。由此可见，化妆品并不是富人专享的，不论是富裕人家的贵妇还是寻常人家的女性都能使用它。

古罗马的文学、艺术和雕塑中关于化妆品的描述和逸闻，为我们深入了解当时女性的日常生活和社会角色提供了一个绝妙的视角。然而，和古希腊时期一样，男性对化妆品几乎持全盘否定的态度，化妆品是他们批评和嘲讽的对象，因此，我们也就可以理解为什么当时的古罗马女性嘴唇和脸颊上的胭脂颜色都不重，她们只化淡

从16世纪晚期的肖像画中可以看出，打扮入时的女性和贵妇们会在苹果肌上打倒三角形状的胭脂，再向下晕开。虽然在画面里看起来光滑均匀，但事实上可能更为粗糙俗丽。

Boucher
1758

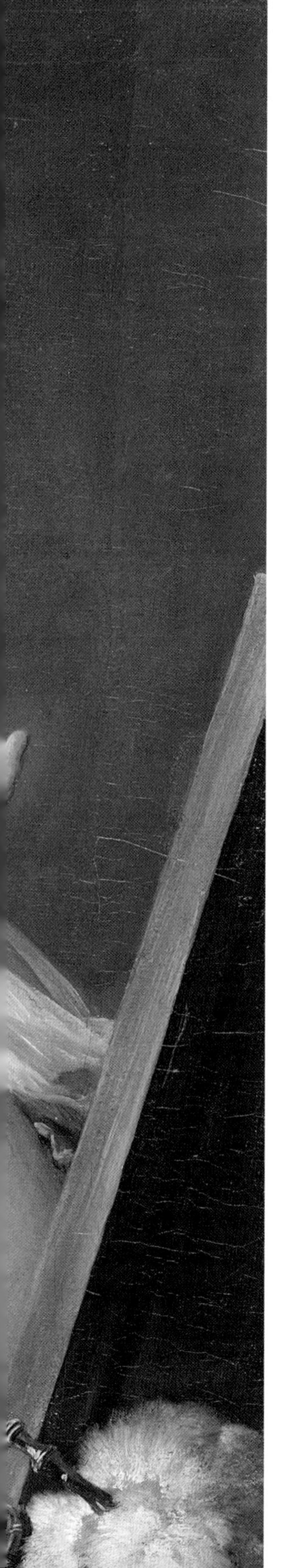

弗朗索瓦·布歇（Francois Boucher）笔下的蓬巴杜夫人（Madame de Pompadour）画像。梳妆台前的蓬巴杜夫人正拿着精巧的化妆刷，向脸上扫因她而流行的蓬巴杜式粉色胭脂。她身着披肩，防止化妆品的粉末落在衣服上。这是通过绘画艺术来复制化妆艺术的罕见个例。

妆，不爱浓抹。当时胭脂的成分既有毒性较强的朱砂和红丹，也有红赭石、紫色地衣、红垩和紫草根等毒性较弱的成分。这也能够解释为什么古罗马的女性通常只能躲在一个完全属于她们自己的小房间里偷偷地化妆。当时的富家女子还能雇佣女性奴隶作为化妆师来服侍自己梳妆。

有趣的是，历史上的绝大多数时期都把有节制地使用色泽柔和的胭脂奉为标准，只有在较短的几个时期中，过度且夸张地使用胭脂才会成为潮流。与柔和且有节制的使用方法恰恰相反，16世纪的欧洲推崇“浓艳为上”的使用法则。当时的威尼斯是时尚之都，也是富人们的游乐场。聚会和舞会接连举办，浓妆艳抹便成为威尼斯时尚圈的社交礼仪，当时的女性们也需要用浓妆来遮盖前晚狂欢后留下的疲态。当佛罗伦萨出生的凯瑟琳·德·梅第奇（Catherine de' Medici，1547—1559年间为法国国王亨利二世的王后）鼓励在宫廷里使用化妆品和香水，意大利的时尚开始影响法国。当时英国贵族的脸上都涂着浓浓的胭脂，部分原因可以归结于伊丽莎白一世颁布了允许使用化妆品的许可，而在女王现存的诸多画像里，都可以清晰地看见她涂着白色粉底、抹着胭脂的脸庞。

含有胭脂虫、茜草和赭石染料的混合物以及有毒的朱砂（古希腊也使用该物质）都是当时给嘴唇和脸颊上色的原料。存放在所谓“甜蜜的箱子”里的化妆品，囊括了伊丽莎白一世时代的女性所需的所有化妆品：白铅粉（打造苍白瓷肌的不二法宝）、胭脂和饰颜片。即便异常追捧苍白的面容，生活在那个年代的宫廷和贵族女性也都会用胭脂涂满脸颊和唇部，打造出健康的红晕，给人刻意为之的印象。

一位不具名的讽刺作家曾经评论道：“艺术家

红晕有着经久不衰的魅力，这纯粹是出于生理原因吗？泛红的脸颊暗示着性兴奋、年轻、健康和生育能力。

红色是生命和鲜血的颜色。我热爱红色。

——可可 · 香奈儿（Coco Chanel）

工作的时候不需要颜料盒，只需要身边站一位时髦女士，她脸上的颜料就够用了。”诗人约翰·多恩（John Donne）通过敏锐的观察，发现问题就出在“感知”上：“汝爱慕其脸之颜色，颜料予之；然汝恶之，非厌其色，实则因汝察之。”胭脂赋予嘴唇和脸颊的颜色既符合当时的审美标准，也颇为讨喜——但是男性却不希望自己意识到这种色彩并非天然，而是人为。随着圣·居普良（Saint Cyprian）宣称在脸上化妆的行为和给脸颊“染色”等同于“通过对面部与头部的衰老进行围攻，来驱逐一切关于面部和头部的真实情况”，早期的基督教作家在化妆和欺骗之间建立起了无可动摇的联系。化妆创造“假脸”的看法在文艺复兴时期非常普遍，从莎士比亚的作品中可见一斑。尤其在《哈姆雷特》中，哈姆雷特尖刻地对奥菲莉娅说：“我也知道你们会怎样涂脂抹粉；上帝给了你们一张脸，你们又替自己另外造了一张。”丹麦评论家格奥尔格·勃兰兑斯（Georg Brandes）甚至这样评论：“如果有一件莎士比亚百般厌恶的事，而厌恶的程度与事情本身的琐碎度不成正比……这件事就是胭脂的使用。”

随着伊丽莎白一世统治的结束，对化妆品使用的王室许可也继而失效，毫不意外，人们使用化妆品时开始变得谨慎小心起来。在17世纪的英格兰，胭脂的使用方法以及化妆潮流的变化，都受到盛行的政治理念与清教教义的影响。1650年，奥利弗·克伦威尔（Oliver Cromwell）向长期国会提出动议，要求“于下周五上午审阅一项关于禁止女性化妆、使用黑色饰颜片和穿着暴露服饰的恶习的法案”，该法案在首次审阅之后就被废止。显然，化妆在英国社会和文化中极其普遍，完全无法控制。双重标准在其中也起了作用，男性私下里还是很欣赏得体、自然的妆容：化妆的不可接受性已经成为普遍的共识，但如果必须化妆，就必须保证妆容自然、不做作。伦敦日记作家塞缪尔·佩皮斯（Samuel Pepys）用实际经历告诉我们，美貌会附带诸多好处，他在描述一位妇人不小心在他身上吐了口痰后曾挖苦地

红色是化妆品中最经久不衰的色彩，它能唤起一种原始的反应，能激发强烈、有时甚至矛盾的情绪。

写道："在发现她长得美丽动人之后，我就丝毫不觉得恼怒了。"

18世纪中期的欧洲因广泛而过度使用胭脂而闻名。从画像中可以看出，当时的审美标准是苍白的皮肤配上玫瑰色的脸颊（和16世纪类似）和轮廓清晰的浓黑双眉。

化妆品关乎使用者的地位和在他人眼中的时髦形象——尤其是擦得惹眼醒目的胭脂，显然不可能看起来十分自然。尤其是在作为时尚焦点和全欧洲审美灵感来源的法国，化妆是宫廷生活的重要组成部分。当众更衣和涂抹脂粉是贵妇们梳妆展览的一部分，不过这项仪式带有很强的表演性质，因为贵妇们事先在观众到来之前就已经完成了大部分工作（和现今时尚大片拍摄的幕后花絮有些类似）。在画像里，法国国王路易十五的情人蓬巴杜夫人的脸颊上总是涂着清晰可见的胭脂，她也由此闻名。在大众的印象里，蓬巴杜夫人身上总会出现她喜爱的某种深粉红色，这款颜色也因此得名为"蓬巴杜粉"。弗朗索瓦·布歇于1758年完成的蓬巴杜夫人画像中，夫人正坐在梳妆台旁化妆，她手拿一把精巧的化妆刷，扫过盒子里的胭脂，给脸颊上色——这是通过绘画艺术来复制化妆艺术的罕见个例。胭脂和颜料一样，有不同的色调，使用手法也颇具艺术性。瑞典贵族阿克塞尔·冯·菲尔逊（Axel von Fersen）伯爵在1877年出版的私人手稿中描述了他目睹一位法国贵妇上妆的过程。他记录道，这位贵妇有六罐胭脂，另外一个罐子里装着颜色比红色更深的东西。而根据莫拉格·马丁（Morag Martin）在《贩卖美丽》（*Selling Beauty*）一书中所说，公爵"发觉那个罐子里装着'对每个人来说都是有生以来见过的最美丽的红色'，那位贵妇先用深色的物质涂第一层，然后依次取出其他六个罐子中两个里的胭脂上妆"。当时的贵族男性和儿童都可以使用胭脂，尤其是在宫廷中，但是他们所用胭脂的色调有细微的差别（有的差别并不那么细微）。到了1780年，胭脂在法国的香水商店均有出售，只要有钱，任何人都能买来涂抹嘴唇和脸颊，不过和贵族相比，中产阶级使用的次数更少，妆容也不是那么显眼招摇。法国作家爱德蒙·德·龚古尔（Edmond de Goncourt）和他弟弟儒勒·德·龚古尔（Jules de Goncourt）曾写道："贵妇使用的胭脂既和宫中的胭脂不同，也和高级妓女们的相异；那种胭脂微微泛红，颜色令人难以察觉。"

在法国过度使用的化妆品到了英国则惨遭非难；虽然英国人也会使用化妆品，但在多数人眼中，化妆品等同于"虚假"和"伪造"。18世纪的英美女性画像显示，比起同时代的法国人，英美更偏好不过多修饰的模样。一封1775年从巴黎寄出的信件令人忍俊不禁，霍勒斯·沃波尔（Horace Walpole）在信中这样总结英法对胭脂看法的差异："昨晚在歌剧院，我看见一位英国女子全身缀满羽毛，脸上不施粉黛，把自己搞得像浑身沾满口水的妓女。我们国家的女人们煞费苦心，淋漓尽致地展现了自己的美德！"然而这样的审美差异存在的时间并不长，法国大革命后，审美取向整体趋于自然。

虽然潮流发生了改变，但胭脂的不断普及让女性继续使用着它。到18世纪末，胭脂的种类也日渐多样化。随着大众对铅和硫化汞危害的了解，以蔬菜为原料的胭脂受到了人们的推崇。一种名为"西班牙羊毛"的胭脂直到17世纪才面世，但是广受欢迎。这款产品有不同颜色和规格，将织物用胭脂虫红或类似染料染制之后，切割成约4厘米宽的薄片，用它轻拍嘴唇和脸

红色予之灵魂，亦予之容颜。

——《女人与美丽》（*Women & Beauty*），索菲亚·罗兰（Sophia Loren）

颊，就可以上色。另一款携带更为方便的胭脂名叫“西班牙纸”，由用色素浸泡过的纸张制成，可以放在手袋里携带。也有装在小罐子、玻璃瓶或是浅碟里的胭脂，并根据不同的配方选择用手指、骆驼毛刷、野兔腿或是粉扑上妆。

然而，19世纪的到来标志着对化妆品，特别是对胭脂态度的又一转变。英国维多利亚女王宣称化妆品粗俗不堪，让大众重拾对苍白、贞洁样貌的喜爱。而随之而来的对化妆的强烈反对，意味着女性只能靠掐脸颊制造红晕，或靠咬嘴唇使其自然地发红，要不就是偷偷摸摸地使用化妆品。未上妆的苍白皮肤和浓密健康的头发被看作淑女的象征，而惹眼的胭脂是戏剧演员或被委婉地称为“道德水平低下”的女性的标志。与此同时，以巴黎为中心的化妆品制造业到19世纪50年代时已经成为法国的民族工业，标志着胭脂首次开始规模性的商品流通。到19世纪末期，各种色调和质地的胭脂在市面上均有出售。

随着维多利亚女王的统治结束，她的儿子、后来的国王爱德华七世和莉莉·兰特里（Lillie Langtry）、莎拉·贝恩哈特（Sarah Bernhardt）等著名舞台剧女演员的亲密关系，让世人对胭脂的憎恶和轻蔑有所缓和。英国作家、讽刺作家马克斯·比尔博姆（Max Beerbohm）曾在《为化妆品辩护》（*Defence of Cosmetics*，1896）——后更名为《胭脂的普及》（*Pervasion of Rouge*）中写道：

> 看呐！维多利亚时代就要结束，那被奉朴素为神圣的日子快要终结……我们早已为奇思妙想的时代做好了准备。男人们不是正在掷骰子，而女人们不是正在把手伸向胭脂罐么？……如果一位时髦的女子来到梳妆台前寻求庇护，来逃避时下残暴的迫害，她将不再受到非难；如果一位少女对镜祈祷，一心想拿起化妆刷，用化妆品给自己增加几分魅力，而我们不会因此恼怒。说实话，我们之前到底为何愤怒呢？

当然，比尔博姆言语讽刺。抛开其中的讽刺意味，他的话的确触及要害，甚至比预期更加正确：进入爱德华时代后，人们对化妆品的接受程度有所提高。

玛丽·安托瓦内特

“我在全世界面前涂抹胭脂，洗净双手，”玛丽·安托瓦内特（Marie Antoinette）在1770年写道。在这位法国王后看来，外貌和美丽与地位有关，这样的观点甚至在她加冕之前就已经形成。无论是化妆还是进行梳妆仪式，对她来说都是颇具象征性的复杂政治表演。

在当代，玛丽拥有“时尚和美丽偶像”的文化身份——正如2006年由索菲亚·科波拉（Sofia Coppola）执导的《绝代艳后》（*Marie Antoinette*）中的王后，身着华服、美艳动人。但让人吃惊的是，现实中的玛丽·安托瓦内特并非绝代美人。在她母亲发现的容貌“缺陷”中，最糟糕的显然要数不平整的发际线、鹰钩鼻和突出的下唇（也被称作“哈布斯堡唇”）。玛丽·安托瓦内特知道自己的容貌有明显的缺陷，年仅25岁的她就曾对自己的第一侍女康庞夫人说：“当鲜花不再映衬我的容颜之时，请告知我。”在同代人看来，玛丽·安托瓦内特最美的地方是她透亮、如雪的肤色，她的脸庞、肩颈和双手都白皙动人（在她的许多画像中，这个特征都被极大地突出了）。

康庞夫人将王后著名的梳妆仪式称为“礼仪的杰作”。第一步是“非公开”梳妆，包括洗脸，洗澡，用化妆颜料或粉末涂白脸部，修剪头发并上粉。“公开”梳妆从正午开始，需要完成妆容和最后的修饰——其中，涂抹胭脂是众人最喜欢观看的步骤。安东尼娅·弗雷泽（Antonia Fraser）在其为玛丽·安托瓦内特所著的传记中写道，“公开”梳妆开始后，步骤变得非常复杂，任何人（这里指有“进入权”的人）都可以在任意时间进入，并受到得体的欢迎，拖慢了整个进程。而王后不能自己取用任何梳妆工具，得等待从递给她下一个所需的用品，这让速度更加缓慢。

按照上流社会的画法，玛丽把胭脂在脸颊上“涂成较大的标准圆形，颜色近似深红”，看起来毫不自然（红色和胭脂是贵族男女的重要标志，可以迅速将他们和普通大众区分开来，表明他们拥有更高的社会地位）。在化妆结束后，男性观众离场，玛丽（终于）可以更衣了。

虽然在现在看来颇为过时，但当时宫廷需要靠外在的象征来显示地位，玛丽的母亲在她成为王太子妃以及后来的王后之前，就敦促她培养起具有象征意味的行为。这种方法的确奏效了：玛丽严格的梳妆流程影响了全欧洲的女性，也帮她稳固了在法国宫廷中岌岌可危的地位。虽然到18世纪80年代时，玛丽已经很少使用粉底，而她的胭脂也几乎消失不见。她并不仅仅是在紧跟欧洲日渐兴起的自然主义风潮，也在不经意间褪去了所有表明地位并有碍凡尔赛体系的外在象征。在遭监禁期间，每到一处新的监狱，她的梳妆仪式都会发生改变：据弗雷泽所言，这位昔日的王后上断头台前，那串纷繁复杂的梳妆程序就只剩下“一盒粉底，一块‘质地不错的大海绵’和一小盒润发油”了。

亚历山德拉王后

丹麦公主出身的亚历山德拉王后（Queen Alexandra）1844 年出生于丹麦哥本哈根，1863 年成为威尔士王妃（是拥有该头衔时间最长的女性），1901 年维多利亚女王去世后，她成为大不列颠王国王后，直到 1910 年为止。在她父亲被选为丹麦王储之后，亚历山德拉的家族开始崛起。年满 16 岁的她被安排与威尔士亲王（即后来的英国国王爱德华七世）结婚，两人于 1863 年举办婚礼。

爱德华是出名的花花公子（他和诸多女演员及上流社会女性的绯闻广为人知），尽管如此，据说他和亚历山德拉的婚姻还算幸福。亚历山德拉的美貌、优雅和魅力远近闻名，她的穿衣风格也被争相效仿。她常穿高领衣服，佩戴紧贴脖子的短项链，显然是为了掩盖脖子上的伤疤。不管原因如何，她的风格奠定了后来 50 年的时尚走向。亚历山德拉也是爱德华时期第一位公开使用粉底和胭脂的女性，其他女性也因此被允许使用这两样化妆品。虽然女演员们早就开始使用粉底和胭脂，但亚历山德拉使化妆品获得王室许可并被大众接受的影响力都是旁人无法比肩的。据说无论是带妆还是素颜，亚历山德拉看起来都非常年轻。1907 年，一篇刊登在美国版 *VOGUE* 杂志上的文章这样写：“凭借着非凡的年轻容颜，英国王后亚历山德拉一直都是世界的奇迹……”（那时她已经 63 岁高龄。）当然，文章也指出，没有付出的努力，她也就没有这样的美貌了。

和俭朴的前女王维多利亚相比，同样象征意义大过实权的亚历山德拉的风格大不相同。除化妆以外，她同样热衷于马术和狩猎——这些爱好在维多利亚时代的典型女性中并不常见。据说她在脸上涂了磁漆——先以白色打底，在其上涂红色或粉色——以晚年时期最盛，她传奇般的娇嫩肌肤也是从那个时候开始遭殃的。虽然不被允许参与外交事务，但她在 1910 年时出席了英国下议院的一场辩论，这成为王后中的首例，也展现出她作为爱德华时代新女性的风采。

第2章

白

苍白背后的政治与权力

欧洲和远东化妆史中有很长一段时间，流行趋势大体都围绕着一个主题：雪白的肌肤。目不暇接的面霜、香膏和化妆品的使用都是为了美白肌肤，甚至是完全改变原来的肤色。

美白这个话题谈起来不免敏感，但皮肤美白术在世界某些区域已盛行千年。从古希腊以铅制成的铅白，到放血美白法，再到臭名昭著的“威尼斯白粉”（在16世纪的戏剧中的贵族脸上可以看到这种白色粉末），美白术的方法各异，产生的文化背景不同，但都是为了合乎某种审美、文化和社会的理想标准。这诸多方法中有一点是相同的，那就是它们都极其危险——对人类皮肤和整体健康皆有损害。

如今，当你穿过大城市百货商店中的化妆品货架时，会被那一排排令人眼花缭乱的化妆品所震撼：它们无一例外都向消费者保证，不论你的肤色和种族如何，都能还你更加透亮白皙的肌肤。把水蛭放在耳后来治病在如今会被视为江湖骗术，但我们却不得不思考现代美白化妆品与诸多美白古法之间的紧密联系。或许更重要的是，我们应该探寻美白的欲望是从何而来，又是如何随着时间改变的。

疾病和健康问题贯穿了中世纪的欧洲。苍白、半透明的肌肤被认为是身体健康、血统高贵的象征，尤其对女性而言，它是青春、生育能力和贞操的标志。

有趣的是，古希腊和古代中国这两个文明毫不知晓对方的存在，但其各自的居民都会使用含铅的化妆品进行美白，甚至连首选这类化妆品来美白的想法也如出一辙。肤色固然和种族有关，但我们常常会忽略它与性别之间的密切联系。各个种族中，女性的肤色比男性浅，因为女性体内的血红蛋白（血液中的红色素）和黑色素（皮肤和头发中的棕色色素）更少。进化心理学家南茜·埃特考夫注意到，男孩和女孩肤色的差异到青春期时才会显现，并且，“此后，女性在生理周期的排卵期时的肤色比非排卵期时更浅”。由此，她提出“肤色是生育能力的象征”这一观点。南希还发现，在首次分娩后，“女性的头发和皮肤的颜色会永久地变深，青春少女的肤色将被永远地改变”。因此，浅色（或者颜色更淡）的皮肤是年轻的象征，也是女性未分娩的标志。虽然现在看来，这样的观念颇为过时，但在过去普遍受到追捧。

当然，“象征生育能力”不足以解释白皙的肤色受到长时间追捧的全部原因。在日光浴成为时尚之前，没有留下日照印记的皮肤直接象征着社会地位，对于女性而言更是如此。在人类漫长的历史中，女性无外乎被禁闭在家，与外界隔绝。对光洁如雪的肌肤的渴求可以追溯到半传奇的特洛伊战争之前，《荷马史诗》中就有所表现，诗中赞美女神赫拉拥有“洁白如雪的玉臂”。

古希腊文化的黄金时期，特别是雅典城邦留存下来的更多证据，让我们得以还原古希腊女性使用的化妆品，了解当时使用化妆品的社会惯例。我们都知道，上层社会的女性拥有洁白或苍白的肤色，因为她们绝大多数时间都待在家中，避开了会晒黑皮肤的太阳。古希腊人用铅白来美白皮肤，希腊哲学家和化学观察家泰奥弗拉斯托斯（Theophrastus）在他的专著《论石》（*On Stones*）中这样描写：

> 把铅放在盛浓醋的陶器中，经过10天左右，铅上就会布满一层厚厚的锈。这时，他们会打开器皿，把锈刮下来。之后他们把铅重新放入醋中，重复“生锈-刮锈”的步骤，直到铅全部变成锈为止。把刮下来的锈

为什么是铅？

按照常理，我们应该问一问，古希腊人为什么选择铅来美白皮肤？在研究这个时代和含铅粉底时，我欣喜地发现雅典城邦之所以能够如此富足，很大程度上要归功于劳里昂（Laurion）矿区。这个位于雅典附近的矿区出产大量的银——据称，公元前5世纪时的产量已经达到了1万吨——丢弃的副产品就是堆成山的铅白颜料（铅在很久以后才被开采）。在我看来，铅能够成为雅典美白化妆品中的主要原料，和城邦邻近银矿并非巧合。

斯巴达

有这样一些希腊女性，化妆品似乎和她们的生活毫无关系：她们来自斯巴达城邦，这个以战争为导向的社会认为武力高于一切，并赋予女性与其他希腊女性不同的权利。斯巴达城邦的女孩们接受了正规的教育，这一点与众不同。她们虽然不能参加工作或是赚取金钱，但是被允许拥有和继承土地（不像绝大多数希腊女性需要嫁给父系亲属中健在的、最年长的男性继承人来继承土地——即使这些男性继承人已有家室）。此外，良好的体魄对斯巴达的男孩和女孩都非常重要，这就意味着他们要锻炼、赛跑和驾驶马车。简而言之，他们花在室外的时间比雅典人要多得多，他们的皮肤也因此被阳光晒成深褐色，看起来很不一样。希腊作家和历史学家普鲁塔克（Plutarch）曾记载，斯巴达的法律制定者莱克格斯（Lycurgus）宣布使用化妆品为不合法的行为，这表示斯巴达人对美丽的标准很可能与当时其他希腊人的看法有很大的出入。

研成粉末，加入水中长时间熬煮。最后，容器底部的沉积物就是铅白。

最后的成品就会被用作美白肌肤的粉底，考古发掘也证实了这一点。考古学家在古希腊富裕女性的坟墓中找到的带盖瓶里留有铅白的痕迹。

对于负担得起的人来说，用一层铅白来改变自己的肤色听起来似乎可以接受，但在突显苍白肤色和打扮成高级妓女之间似乎有明确的界限。色诺芬《经济论》一书中的妻子因为化妆掩盖了真实容颜而遭到责备：“苏格拉底，我有一天注意到她的脸上化了妆：她使劲在脸上涂了铅白，就是为了看起来比原来更白。”

古希腊诗人欧布洛斯（Eubulus）在喜剧《卖花环的女摊贩》（*Stephanopolides*）中，把略施粉黛的妻子和浓妆艳抹的高级妓女做了比较（“神啊，她们都没有涂铅白”）。从当时文学作品的记载中可以清楚地看出，使用铅白以少为妙。虽然这些白色的粉末和膏体是相当有效的防晒霜，但它们的毒性也非常强，长期使用不仅不会实现美白的初衷，还会让皮肤看起来枯槁和苍老。

肌肤透亮白皙是古罗马女性完美形象的关键。和研究胭脂的历史时一样，我们发现，大量关于化妆品的纸质资料都被保存下来，虽然它们的作者也同样是男性。奥维德在《爱的艺术》中指导读者进行肌肤护理和使用化妆品，以下就是一款无毒美白产品的配方。

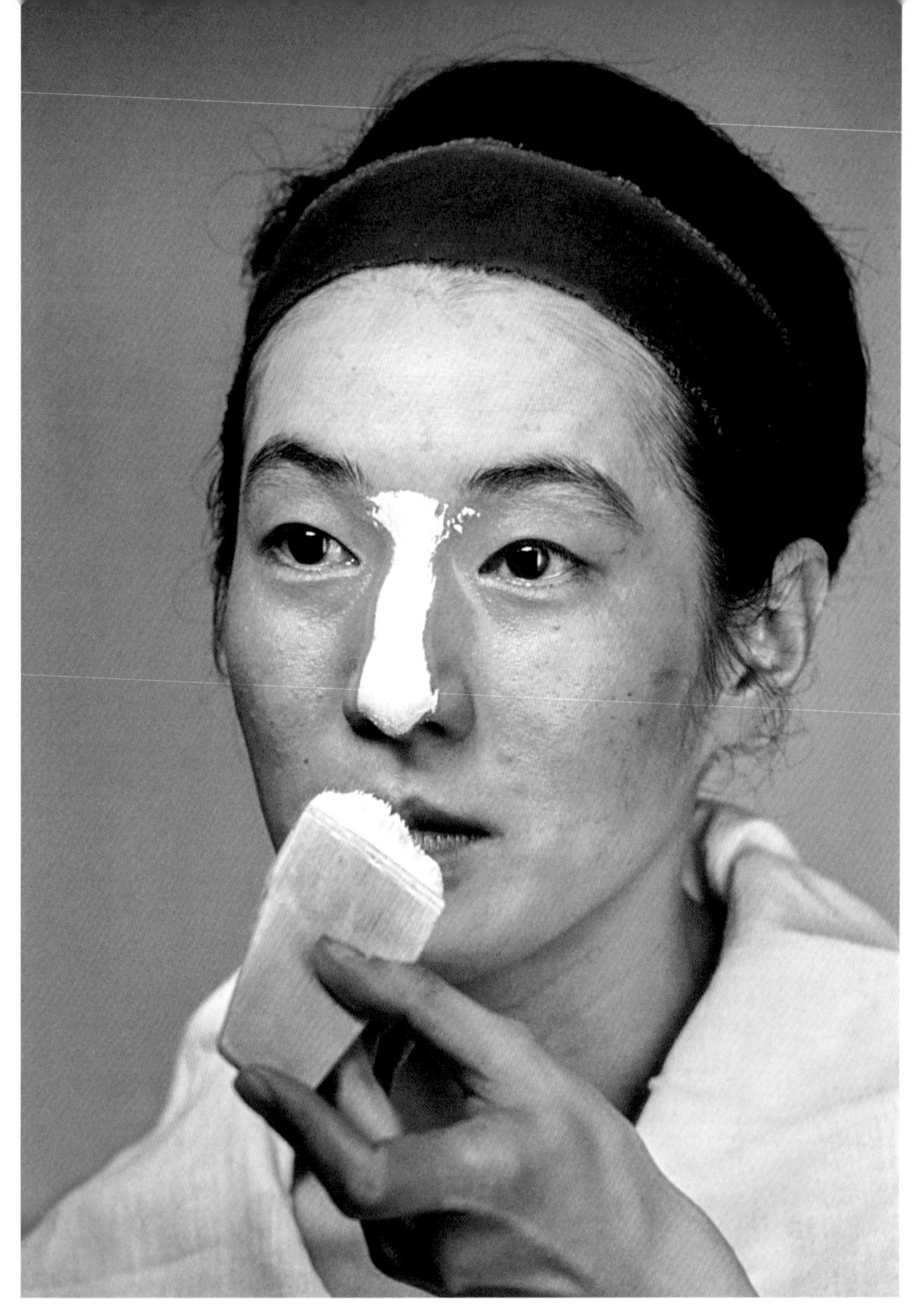

欧文·佩恩于 1964 年为 *VOGUE* 美国版拍摄的日本艺伎化妆图解，体现了亚洲化妆艺术在 20 世纪下半叶日渐受到人们关注，这种关注一直持续到今天。

摄影：Irving Penn；版权所有：Condé Nast，*Vogue*，1964 年 12 月

> 经过充足的睡眠，你纤弱的肢体再次充满活力。现在，就请跟着我学习赋予肌肤炫目白皙色泽的方法。选取从利比亚的田野运到本地的大麦，去掉麦秆和外壳。取两磅去壳的大麦和同等重量的野豌豆，加入10颗鸡蛋，搅拌后风干。之后，把晾干的混合物放在磨石之下慢慢碾磨。细细研磨健壮雄鹿头上脱落的第一对鹿角，取1/6磅。将混合物粉末和鹿角粉末混合起来，经过碾碎研磨制成细腻的粉末，用长筛子过筛。再加入12个剥除外衣的水仙花球，置于大理石研钵中用力捣碎。还应该加入2盎司胶质和托斯卡纳野小麦，以及18盎司蜂蜜。任何一位女性，只要将本品涂抹在脸上，其皮肤将会比镜子更光亮。

奥维德的建议基本合理，但是其他作家更倾向于强调化妆品的“虚伪”。罗马的讽刺作家们忍不住要向荒谬、来自异域又令人生厌的成分开炮，其中最臭名昭著的当属名为“鳄鱼粪”的美白产品，它在多位作家的笔下也被屡次提及。正是因为男性作家在声讨化妆品的使用时多次提及它，我们才对其有所了解。但是，老普林尼也曾经形容过这种“鳄鱼粪”，按照他的解释，陆生鳄鱼以草本植物和鲜花为生，所以它的肠道散发出“令人愉悦的芳香”，其粪便可以用来制造美白化妆品。他建议把鳄鱼粪和淀粉、白垩或是欧椋鸟的风干粪便混合，让肌肤变白变亮。罗马的女性确实可能把各种爬

中国唐代永泰公主李仙蕙陵寝壁画中的宫廷女性。虽然铅白在隋朝一度不再流行，但却受到了唐代宫廷女性的喜爱。

行动物的排泄物用于面部美容，但是，现代的历史学家怀疑“鳄鱼粪”实际上只是产于埃塞俄比亚的一种高岭土的俗名。古罗马人认为尼罗河起源于埃塞俄比亚，因大量鳄鱼在河中繁衍生息而闻名。

说起和苍白或白皙的皮肤有历史渊源的文明时，你一定会想到东亚——尤其是日本，日本艺伎的白粉妆已经成为众人皆知的民族身份了。在东亚，对白皙或是苍白皮肤的追捧由来已久，古代的中国是首个尝试美白肌肤的文明之一：根据记载，中国人将稻米细细研磨成米粉，制成了第一款肌肤美白产品——米做的粉底，天然无害，成为中国和日本女性的化妆品。

同样，铅白能有效美白的功能也被发现，但想找到古代中国首次在化妆品中使用铅的准确时间比较困难。一些资料推测，中国人从远古时期就开始使用铅白，最早可以追溯到商代（公元前1600—公元前1046年）。做出这样判断的部分原因是文学作品中曾暗指粉底是用煅烧后的铅制成的；另一部分是，可能古代中国在开始冶炼铅的时候，即从矿石中分离铅的过程中，就开始制造含铅颜料了。

铅白的生产方式是将铅块浸泡在浓醋之中，在铅块生锈后刮掉铅锈，再把铅块投入醋中浸泡，一直重复该过程，直到铅块都变成铅锈，这样的方法与古希腊和之后古罗马使用的方法极其相似。在此后将近350年中，铅白一直很流行，至少在可以买到铅白的上层社会女性中是这样。由于隋朝的皇后并不使用铅白，铅白在隋朝暂时失去了女性的青睐，但到了唐代再度流行起来。随着晚唐时期的贸易发展，铅白被传播到日本，成为日本宫廷女性的化妆品，而到16世纪末成为所有女性都能买到的产品。

珍珠粉被认为可以加速皮肤伤口愈合。武则天不仅内服珍珠粉，也用它敷脸，来亮白肌肤。

近年来重新兴起的珍珠粉起源于公元320年。从名字中不难看出，它由碾碎的珍珠制成，最早作为中药治疗各种疾病，之后才成为颇受大众欢迎的美白产品。中国历史上唯一一位女性统治者武则天（公元624—705年）因为珍珠粉有亮白美容的功效，定时内服珍珠粉，并在脸上涂抹珍珠膏。她以65岁的高龄登基时，依然拥有传奇的美貌，皮肤也被传为“像年轻女性那样容光焕发”。中国医药古籍《本草

可以说，白色代表光明，没有它，任何颜色都将被黑暗掩盖。

——莱昂纳多·达·芬奇（Leonardo da Vinci）

纲目》曾记载，珍珠可以帮助皮肤生长和愈合、减少晒后损伤和淡化老年斑。最新的科学研究也证实了上述功效，研究发现，珍珠实际上可以刺激皮肤的成纤维细胞，帮助胶原蛋白再生，让肌肤更加光亮。

和中国人一样，韩国人也无比崇尚洁白无瑕的肌肤，认为这样的肌肤是女性美丽的象征——这样的审美黄金标准延续至今。古代的朝鲜人曾用诗歌赞美肌肤“如白玉一般”，也是他们把具有漂白功能的夜莺粪介绍给日本人（约在公元600年，当时的朝鲜开始与日本和中国通商），而西方美容师最近才开始使用夜莺粪来清洁、软化和美白肌肤。夜莺的排泄物最早被用来漂去丝绸上的染料，以在制作和服的布料上形成装饰性图案。心灵手巧的日本人将排泄物与仔细筛过的麸皮面粉混合，制成美白粉，用小布袋包好后轻拍皮肤。从日本飞鸟时代到平安时代，洁白的肌肤饱受推崇，这股时尚之后也得以延续。公元692年，一位佛家僧侣制作出含铅的美白化妆品，献给当时的女性统治者持统天皇，博得圣颜大悦——不过如果她意识到化妆品的毒性会最终吞噬掉她美丽无瑕的肌肤后就未必会如此开心了。在这个时期，即被描述为“和平与繁荣”的年代，日本文化达到了顶峰：日本摆脱了中国和朝

声势浩大的美容工作

古罗马暴君尼禄的第二任妻子波培娅（Poppaea）的美容保养程序非常复杂，据传说需要上百位奴隶来完成。为了让波培娅的皮肤保持光亮，女仆每天都会把湿润的粉质面膜在她脸上敷上一夜。第二天早晨，波培娅用驴奶洗去硬掉的粉质面膜。因为驴奶有美白、软化皮肤的功效，她也常常用驴奶洗澡，之后给皮肤涂上一层白垩和铅白。此外，她用柠檬汁调制粉质膏体来去除斑点。用动物的乳汁洗澡是有很多科学依据的，因为奶中含有的乳酸，是一种有效的去角质成分，能够去除铅白的毒性。这种皮肤保养方法在罗马贵妇中流行开来，因为她们大都负担得起所需的原料和服侍的奴隶。

古罗马暴君尼禄的第二任妻子波培娅·萨宾娜（Poppaea Sabina）的半身像（制作于公元54—68年）。

放血术

根据流行说法，除了使用膏体和药水，放血术和水蛭也是美白皮肤的方法。在中世纪的欧洲，放血术被用于治疗各种微恙和疾病，比如痛风和瘟疫（可能对后者的疗效并不理想）。

用水蛭或划开血管后使用杯状容器吸血的流行，在我们看来略显怪诞，但因为中世纪和文艺复兴时期的人们相信体液系统的重要性，这种方法的流行就可以理解了。体液系统源于古罗马内科医生盖伦（Galen）的体液理论原理，他认为体液由四种经典的元素组成——火、土、水和空气。如果所有元素保持平衡，身体将非常健康。内科医生认为血液中含有所有的四种元素，所以放血能够帮助体液保持平衡，还病人良好的健康状态。比如，《妇科疾》就推荐“从脚底放血”来医治子宫病变。

虽然我找不到用放血术来达到美容目的的确凿证据，但认为放血可以带来或者恢复健康的观点和认为放血可以改善面容、提升美丽的看法之间相差并不远。故事里文艺复兴时期的女性在为参加宴会做准备时，会要求她们的内科医生在自己两只耳朵后各放上一条水蛭，吸走脸部部分血液，获得最时尚的苍白面容。当然我们可以认为，只有富人才负担得起让医生做放血美容术的费用，否则他们只能依靠自己来完成这一套程序。

鲜长达数百年的文化影响，开始形成自己的艺术和文学身份。虽然和中国的贸易还在继续，但是日本皇室切断了与中国的官方往来，让自己在地缘上得以独立。此后长时间的和平时期让日本贵族文化高度完善，精致的品味也成为久经世故的朝臣们最受推崇的品质，男女皆是如此。在平安时代的日本朝廷，苛刻而微妙的品味守则对贵族的行为起到了重要的监管作用，而有技巧地遵循这些规则几乎是雄心勃勃的贵族获得良好声誉的唯一途径。因为排斥中国的时尚，日本的皇族女性发展出新的审美标准：用华美的绸袍层层包裹身体，露出涂着厚厚白色粉底的脸庞和脖子作为焦点。

如果在信奉异教的罗马道德主义者口中，肌肤美白是被讽刺的对象，那么早期的基督教作家对它则更为深恶痛绝。罗马帝国于公元325年正式皈依基督教，而在此后的一个世纪，一种新的道德规范越发重要，渗透进日常生活的方方面面。增白的皮肤从令人厌恶到被人视为罪恶，其中的原因很简单，只是因为使用化妆品意味着上帝的原创作品不太理想，而女性在虚荣心的驱使下希望能够对其进行完善。对于这个话题，基督徒神学家亚历山大的克雷芒（Clement of Alexandria）的言辞尤其激烈："把这些化妆的女人当作妓女是正确的，因为这些女人把她们的脸变成了面具。"我们将会看到，在神学中，对化妆品的否定将会持续很长时间，男性对使用化妆品的偏执和焦虑被宗教吸收，成为教义中的一部分。文艺复兴时期对美的看法非常刻板，而对化妆品的看法更是有过之而无不及。普遍来说，当时的观点（通过研究古希腊和罗马的普遍观点得出的结论，现在看来并不陌生）认为化妆是不可接受的；如果不得不化妆，妆容也要不易察觉才行。正如研究意大利文艺复兴时期化妆文化的专家杰奎琳·斯派塞（Jacqueline Spicer）指出的，女性无法通过使用化妆品来表达自我，而只能遵照某种范式来表现自己。

尽管如此，在欧洲（和远东地区），追求白皙肌肤的努力持续了整个中世纪。其他类型的化妆品在这个时期内使用得并不多，没有瑕疵、未受日晒的皮肤依旧受到人们的偏爱。同样，部分是因为白皙是上流社会的同义词，而饱经风霜的黝黑皮肤就意味着被强迫进行过户外工作，那么这个人也因此来自下层阶级。在疾病多发、缺少良药的年代——中世纪时期大抵如此——干净、白皙、无瑕的肌肤是健康状况显性变化的标志，也是生育能力的指标。这也能够解释女性为什么在追求白皙的皮肤上耗费了大量的时间，而且不管花多少钱，也不顾化妆品的毒性多强。此外，基督教在欧洲的兴起，让圣母玛利亚成为女性气质、行为和美丽的新榜样——这个趋势一直持续到15世纪以后。

圣洁缥缈的容姿是当时的潮流，中世纪的女性试用了无数混合物，就是为了让自己的肌肤绽放出完美容颜中常有的动人光彩。

中世纪时期，人们对颜色的认知和现在有很大的不同：在几乎看不见阳光的世界里，比如北欧漫长黑暗的冬季，鲜亮度是衡量颜色的标准，因此人们崇敬所有鲜艳、光亮的事物。当时的民众唯一能欣赏到的艺术形式就是教堂或公共建筑上（通常富丽堂皇）的彩色玻璃窗，透过玻璃的光线会照亮玻璃上的画作。看到这里，你就能明白光的重要性。杰奎琳·斯派塞解释说，人们一直在区分"白"（whiteness）和"焕白"（fairness）之间的差异，后者被用来形容物体闪耀发光的状态——我们眼中透亮白皙的皮肤便是如此。这与如今护肤品的广告语惊人地相似，这些产品都"保证"能让我们的皮肤焕发光彩。

当时的女性用来美白的化妆品几乎都是天然、自制的。劳动阶级和乡下的妇女会种植所需原料来自制肌肤美白产品，或者向小贩和商人购买。她们使用的配方由当地的女巫保管，或者是家族的祖传秘方。中世纪曾有作家记载肌肤美白和亮白产品的使用方法和配方，配方中包括鹰嘴豆、大麦、杏仁、山葵籽和牛奶——全部是天然无害的成分。颇具讽刺意味的是，那些希望达到美白效果但经济并不十分宽裕的人，不得不在自制的美白产品中使用天然原料，这对皮肤产生的刺激比含铅的美白产品小得多。就美容而言，花的钱越多，皮肤就越糟糕。不过话虽如此，自制美白护肤品依旧要耗费大量时间，取用一些听起来不明所以的原料。如果你觉得下面这个来自《妇科疾》中的配方像是在《哈利·波特》中的魔药课上胡乱调配出来的药水，也是很正常的：

魂断威尼斯

威尼斯白粉（又名“铅之魂”）是16世纪最流行、最昂贵、毒性也最强的肌肤美白产品，产地位于威尼斯这个“因浓妆艳抹的女性和质量最优的铅白（化妆品的基本成分）而闻名”的城市。

我一直都不太清楚威尼斯白粉和其他普通铅白的不同之处在哪里。在我看来，两者之间差异甚微，实际上，威尼斯白粉是首个高档的化妆“品牌”——跟其他非常相近（如果不能说是一模一样）的产品相比，威尼斯白粉标榜自己质量更优、独一无二，其价格更高、吸引力更大。在一本于1688年首次出版的书中能够找到名为“白肤铅”的铅白配方。在描述了一种由水、醋和铅制成的混合物后，作者说，它是作为化妆品使用的成分单一的铅白。之后，他警告读者在挑选该配方的原料时需要小心谨慎：

> 确保要选择真正的铅白，比如我们口中的威尼斯白粉，而不是那些混入了白垩、白粉或是其他物质的仿造品，这些仿造品既没有真品的脆度和重量，也没有真正的铅白或威尼斯白粉的白度。

从这段文字中我们可以看出，铅白是真实存在的化妆品的名字，而威尼斯白粉是它的主要成分（同时也是成品）：纯白的铅粉，而不是铅和其他白色物质的混合物。所以，就本质而言，威尼斯白粉和铅白的成分相同，但是威尼斯白粉中含有浓度更高的铅的衍生物——就像如今昂贵的面霜可能会吹嘘自己含有“更高剂量的活性成分”。

威尼斯白粉主要受到了欧洲贵族们的喜爱，这个富裕阶层能够负担购买铅白的花销。威尼斯白粉中铅的纯度、不透明性和缎面般的表面，让它成为白色粉底中的上乘之作，受到最热烈的欢迎。不过其中也有问题：铅白使用得越多，就越需要用它来掩盖其带来的副作用。长期使用铅白会让肌肤褪色、发灰和枯槁，出现黄色、绿色和紫色的痕迹——使用者最终看起来与一个放置多时的干瘪水果无异；长期使用铅白还会腐蚀使用者的牙齿，产生难闻的口气，导致脱发，甚至是永久的肺部损伤。当时威尼斯的美人们，包括时尚圈的贵妇法国王后凯瑟琳·德·梅第奇，都很喜欢由水银（祛除斑点和雀斑时用到的成分）和砒霜混合制成并散发出麝香气味的美白产品。颇具讽刺意味的是，麝香和它的成分实际上会引发色素减退——再次向我们印证了在美容产品上花的钱越多，最终的样貌也会越难看的道理。

威尼斯是当时世界的时尚中心，威尼斯白粉的命名可能是通过产品名称将某种产品与某个颇具吸引力的地点联系起来的首个例子。这种以地点命名的方式最早出现在古埃及，在整个古典文明中得以延续。有趣的是，即便巴黎后来成了美妆界的焦点所在，威尼斯魅力依旧。几百年之后，伊丽莎白·雅顿（Elizabeth Arden）把旗下首个高端化妆品系列命名为“威尼斯人”并进行推广就是证明。

16 世纪威尼斯的糜烂狂欢和浓妆艳抹，直至今日依旧是化妆师、电影制片人和时装摄影师的灵感来源。

为了美白皮肤，取用拳参和马蹄莲的根部并洗净。在研钵中加入动物油脂捣碎，加入温水混合后用布过滤。将过滤后的液体充分搅拌后静置一夜。次日清晨慢慢将水倒掉，加入新鲜的水：用金银花和玫瑰花熬制的最佳。此步骤重复五日，以去除草本原料的刺激性，避免对皮肤造成损害。第六天倒掉水后，置于阳光下晒干，再以3∶1的比例取用铅白和樟脑，另各取少量硼砂和阿拉伯树胶。在玫瑰花水中放入硼砂，用两手摩擦来溶解，之后把铅白、樟脑、阿拉伯树胶和晒干的混合物都放入玫瑰花水中混合。注意，当你需要美白皮肤时，先用水和香皂清洁面部，再从该混合物中取出豆粒大小的量，加入冷水并用双手揉搓后涂于面部。之后，在面部洒上冷水，盖上一块轻薄的布。可于清晨或晚间完成上述步骤，注意，每次美白需要三到四天的时间。

从黑暗时代到黄金时代，雪白的肌肤被文艺复兴时期的欧洲视为美丽的象征。油画、壁画和雕塑中女性的理想形象（值得注意的是，这些形象都是由男性艺术家创造出来的）为我们提供了关于该时期审美标准和灵感来源的大量信息。欧洲油画中的女性大都性感撩人，拥有象牙色的皮肤，而皮肤的苍白被深红色的唇彩和红色的腮红弥补——事实上，这些效果都是化妆品创造出来的，虽然公然化妆在当时被视为不诚实的行为。同样，用十分常见的铅膏、砒霜、水银和生蛋白来把皮肤涂到最白，并涂上美白霜来打造漆面效果的妆底，也被看作欺骗行为。

虽然医生们警告说某些成分会对肌肤造成毒害，英国国教也把化妆品当成魔鬼的作品，女性依旧在追求“无瑕瓷肌”的道路上乐此不疲，用剧毒的铅白来给脸蛋和暴露的服饰打底，但也引发了诸多恼人的副作用：

女人用来化妆的铅白，毫无疑问，是魔鬼的作品，是真实的仇敌，它把原本美丽的人类生物变得丑陋、凶恶和粗鄙……男人可以从她们任意一侧的脸颊上切下一块凝乳或芝士蛋糕。

女性用来美容的铅白由铅和醋制成，这种混合物本身是具有很强吸水能力的干燥剂，外科医生用它来干燥伤口。

以上论调来自乔瓦尼·洛马佐（Giovanni Lomazzo），他接下来描述道，使用铅白的女性很快会“皮肤枯槁，头发灰白”，毫无美感，这完全不是她们设法达到的模样。此外，铅白可能还有其他副作用：当时流行的高额头很可能是因为含铅的化妆品会造成脱发和秃斑，女性被迫剃掉或拔去不美观的残发，导致发际线逐渐后移。铅白的缺点比比皆是，但是直到1685年，绝大多数的欧洲贵族女性（也有男

劳拉·蒙特斯（Lola Montez）是19世纪诸多推行化妆品改革的人士中的一位。他们倡导化妆品要使用质量更好、危害更弱和更为天然的原料。

性）的脸上都还涂着一层层的铅白。

用化妆品打造瓷肌的做法一直延续到英国斯图亚特王朝复辟和法国大革命之前，在那之后，热衷于化妆的风潮有所减弱。但作为阶级和社会地位的象征，白皙的皮肤仍然是美容的终极目标。人们希望贞洁、道德高尚的女性用阳伞遮蔽阳光，来保护娇嫩的肌肤；运动也是一大禁忌，因为它会过度拉扯“娇贵”淑女的肌肤；面部妆容明显同样是失礼之举，所以色彩越鲜艳（毒性也越强）的局部皮肤美白产品在皮肤上越明显，也就越不受欢迎。然而白色的氧化锌粉末既能呈现必需的白色，看起来又比较自然，所以渐渐得到了人们的认可。淡紫色和浅蓝色的粉底在塑造出透亮白皙的肤色的同时，又能中和蜡烛和煤油灯打在脸上的黄光，成为颇受欢迎的晚妆必需品。裸妆是维多利亚时代最时尚的妆容。当时，肺结核的肆虐以及疾病对作家和艺术家想象力的影响，产生了（现在看来相当怪异的）对“肺病美”的推崇。

为了在少用化妆品的前提下展现出完美的肌肤，美白护肤品和内服产品变得流行。含有能够祛斑和消除色素沉淀的盐酸、铵、过氧化氢、砷和汞化合物的乳液和药水风靡一时。

当时的著名美女劳拉·蒙特斯自封护肤品和化妆品的权威，她通过个人之力发起了让女性拒绝使用人造化妆品的运动。她所著的《美的艺术》（*The Arts of Beauty*）一书，在她早逝前不久出版，其中分享了不少小窍门、小技巧以及从欧洲各地收集的配方，其中的许多内容都在宣扬肌肤美白的优势。下面的配方被授权给西班牙王室，保证在使用后“让颈部和手臂焕白如初”：

> 把细细筛过的麦麸加入白酒醋中浸泡4个小时后，加入5个蛋黄和2粒龙涎香，再进行蒸馏。

但是，她完全反对女性服用如白垩、板岩和茶渣等原料，认为这些方法会对健康造成损害。劳拉是维多利亚时期早期对化妆术进行改革的众多女性（和男性）之一，她们倡导化妆品的适度使用，拒绝崇尚虚伪。但是，这样的改革并没有持续多长时间。甚至在维多利亚女王去世之前，使用肌肤美白产品和包括胭脂在内的其他化妆品在各个阶级中的女性中都颇为流行。这种情况的积极影响是，有害的美白产品的数量在减少，而女性杂志的兴起意味着女性不仅能够分享心得，她们对像砷和铅这样具有潜在危害的美白产品的了解程度也在逐渐加深。滑石粉和氧化镁粉末能让妆面更加自然，也几乎不会对使用者产生毒害。到19世纪末，化妆品制造业成长为规模巨大的产业，人们对化妆品的态度也发生了迅速改变。

进入20世纪后，含铅粉底在欧美市场上非常普遍。虽然今天，美国食品药品监督管理局为了

虽然程度有所不同，欧洲和东亚历史上的许多时期都把涂着白色粉底的脸庞视为美的巅峰。

16 世纪的时尚偶像凯瑟琳·德·梅第奇经常使用美白肌肤的混合物，其中包括铅、汞和砷等常见成分。

在日光浴成为时尚之前，
没有日照印记的皮肤直接象征着社会地位。

保证安全，会对消费者购买的产品进行监管，但该机构至今还未规定化妆品含铅量的上限。而在欧盟，销售任何含铅的化妆品都是违法行为。我们可以合理地假定，相比吞服砒霜来改变肤色的古代女性，现代女性已经取得了重大的进步。但在涉及皮肤的问题上，我们是否正在退步？随着有毒的肌肤美白产品的抬头，历史开始重演，让人略感不安。不仅是因为我们使用的化学物质会损害健康，实际上，一些公司销售的产品可以放心使用，但是它们宣扬的白皙肌肤优越论造成的危害比产品本身更严重。各国的法律规章和执法力度不尽相同，来自非洲、中东和亚洲部分地区的数百万女性（和部分男性）又开始使用有害的化学物质来美白皮肤，这使美白化妆品重演其在历史上扮演过的角色——这一现状引人深思。

伊丽莎白一世与莱蒂斯·诺利斯

很难再想到比伊丽莎白一世更具戏剧性的美妆偶像了，她统治英格兰和爱尔兰长达 45 年之久。当我们想到伊丽莎白一世或是以她命名的英国历史时期时，女王在一张画像中的形象常常会跃入脑海：茶褐色的头发，瓷白的肌肤，令人生畏的表情和仪态，无不传递出“虽为柔弱女子，身怀国王的雄心和坚忍”的态度。

据说伊丽莎白女王一世非常虚荣，她一心想成为英国宫廷中最年轻貌美的人，也许这对生活在众目睽睽之下的人来说并不奇怪。她心知管理形象的价值，她的国务大臣兼顾问罗伯特·塞西尔（Robert Cecil）在 1570 年左右曾证实：“许多画家都曾给女王陛下画过肖像，但是没有一张能够充分展现她的美貌或魅力。因此女王陛下下令严禁各类人等画她的肖像，直到一位聪明的画匠完成一幅可供他人临摹的肖像后，禁令才被解除。与此同时，女王陛下还禁止任何丑陋的肖像在未经修改之前进行展出。”

除了能入女王法眼的肖像画之外，我们也可以从现存手稿对她外貌的描述中还原女王的样貌。一位曾到访英国宫廷的访客评价说，24 岁的女王陛下“虽然说不上美丽，但也颇为清秀，身材高挑苗条，皮肤虽然黝黑但肤质不错，双眼动人明亮，尤其是她的手纤细秀美，她也常常在众人前展示她的纤纤玉手。”

伊丽莎白一世尝试了各式化妆品来美白天生“黝黑”的皮肤，这样的肤色可能遗传自她的母亲安妮·博林（Anne Boleyn），据传安妮拥有橄榄色的皮肤。在伊丽莎白时期，包括英国在内的整个欧洲都把白皙的皮肤当作美的象征。从蛋清、明矾到致命的威尼斯白粉，让皮肤变白皙、透亮和光滑的产品种类繁多，传说伊丽莎白一世在生命中的不同阶段把这些产品用了个遍。女王生前会使用化妆品，肖像中的女王显然化了妆，而当宫廷诗人理查德·汉普顿（Richard Hampton）用“红宝石雕刻的双唇，是两片欲言又止的树叶”来描述女王的容貌时，似乎清晰地暗示出女王的美貌显然经过了化妆品的修饰。

1562 年，伊丽莎白一世染上了天花，皮肤上留下了疤痕，也爬上了岁月的痕迹，这让她开始使用铅白（尤其是能打造出极其苍白底妆的威尼斯白粉）。不幸的是，铅白虽然在美白皮肤方面非常有效，但毒性也非常强，让女王的皮肤发灰和枯槁。随着时间的推移，伊丽莎白一世需要用更多的铅白来遮盖铅白带来的皮肤伤害，胭脂也一样，她需要用胭脂来掩饰衰老的过程（或许是为了让铅白带来的苍白效果更柔和）。

但是女王的妆容——铅白粉底、涂上胭脂的脸颊和双唇、细细描画出的青筋（为了造成皮肤白皙透亮的视觉效果）和修成拱形的眉毛——不仅是为

了追逐潮流、保持青春，更是为了显示权威和统治者地位。颇为讽刺的是，有些人认为化妆品中的砷、铅和其他危险的化学物质是造成女王血液中毒并在69 岁时逝世的元凶——但是关于这一点，我们无从查证。

虽然伊丽莎白一世并不是世人眼中的典型美女，但她的表外甥女莱蒂斯·诺利斯（Lettice Knollys，其母是安妮·博林的侄女）却是她统治早期的英国宫廷中的绝代佳人之一，符合该时期人们对女性理想形象的预期。在诺利斯最著名的肖像中，她拥有橘红色的秀发、高额头、白皙的皮肤和泛着玫瑰色的双颊（但我们不知道这是她自己涂的胭脂，还是画匠的后期处理）。

伊丽莎白·西德尔

作为地位无法被超越的拉斐尔前派（Pre-Raphaelite）的标志性人物（被称为“拉斐尔前派的超级名模”），伊丽莎白·埃莉诺·西德尔（Elizabeth Eleanor Siddal）因为诸多创作于该美术运动时期的画作担任模特而闻名，尤其是在她的情人和后来的丈夫——但丁·加百利·罗塞蒂（Dante Gabriel Rossetti）的作品中，还有她自己的艺术作品和诗歌中。

伊丽莎白·西德尔并不是维多利亚时期典型的美女，如此的偶像地位并非一朝一夕所得。在当时，红头发并不受欢迎，有人甚至把它看作不祥之兆。一个小镇男孩曾经问西德尔的故乡有没有大象，他显然认为有红头发的人来自异域。西德尔出身平民阶层，被画家威廉·德弗雷尔（William Deverell）发掘时，她还是伦敦霍尔本一家商铺里的女工。德弗雷尔看中了西德尔的红发和纤细的身形，选她作为画作《第十二夜》（*Twelfth Night*）的模特。拉斐尔前派创始人之一威廉·霍尔曼·亨特（William Holman Hunt）在见到西德尔时，说她是“惊为天人的尤物……像女王一样，身材高挑，身形匀称，脖颈高贵，有着最为精雕细琢的脸庞”。

西德尔在多数人心中的形象，与拉斐尔前派的另一位创始人约翰·埃弗里特·米莱斯（John Everett Millais）的画作《水中的奥菲利娅》（*Ophelia*）比较一致——漂浮在河中的面色苍白的悲情女主角。作为英国泰特美术馆（Tate Britain）的永久收藏之一，馆内印有《水中的奥菲利娅》的明信片最为畅销，画作的绘制过程也颇具传奇色彩。米莱斯购置了一件复古的婚纱给西德尔穿上，让她把身体浸在浴缸中，摆出奥菲利亚溺死后的姿势。在一次绘画过程中，米莱斯没有注意到给水加热的灯已经熄灭——西德尔当时没有指出异样，而是让画家继续创作。事后，西德尔患上一场严重的感冒，她的父亲扬言要起诉后，米莱斯才最终承担了全部医药费。恰巧从这场病以后，西德尔的健康状况就一直不太理想，她被诊断出患有肺痨和脊柱侧弯，当然也有很多人认为导致她体弱多病的真实原因并没有被确诊。无论哪一种说法是正确的，用来止痛的鸦片酊让西德尔上了瘾，这让她的健康状况雪上加霜。

西德尔的疾病非但没有给她的容貌减分，似乎还给她增添了几分魅力——健康状况欠佳和天才与美貌之间存在着浪漫的联系，而西德尔就是一个例子。1853 年，罗塞蒂曾写道：“利兹……看起来比任何时候都要可爱，但也更为虚弱。”次年，画家福特·马多克斯·布朗（Ford Madox Brown）记录道：“西德尔小姐比以往更加消瘦和虚弱，但也更为美丽和不羁，她是真正的艺术家，多年来无人能和她相提并论。”除了鸦片酊，西德尔也是福勒氏溶液的忠实追随者，这种号称能够改善肤色的口服药水由砒霜稀释而来，可能是最后让她中毒而亡的元凶。

这种浪漫的“病态美时尚”早在 19 世纪初就

开始流行。拿破仑战争限制了化妆品的供应，使用化妆品不再那么流行，也催生出了一大批“病怏怏”的年轻女性。西德尔成为绘画模特之后的数十年间，这股风潮正劲。年轻的姑娘们通过喝醋使皮肤变得苍白，熬夜读书熬出黑眼圈，重现了“肺病妆”；她们还把颠茄汁滴在眼睛里，让瞳孔放大，打造出“散瞳妆”。大量喝醋成为一种减肥方法，19世纪的各类刊物上都可以找到喝醋的小秘诀。

西德尔自己的作品通常选取中世纪和神话题材，而神话一般的经历也成就了她的偶像地位。西德尔死于1862年——是意外，也可能是自杀——死因是她服用的半瓶鸦片酊。有人猜测罗塞蒂烧毁了她的遗书，他确实把自己写的诗歌和她的遗体一同下葬，但是（因为反悔）在7年后又把棺材挖出来，取回了诗歌。至此又引出了另一个谜团——据说西德尔那头出了名的长发在她死后一直生长，直到填满了整口棺材。

第3章

黑

彩妆中的深色印记

当今世界各地的彩妆潮流中都不乏黑色元素，人们用这种颜色来打造完美眼妆，勾勒立体眉形。当然，其中也有例外（我们在后文会详细谈到）。为什么我们会使用深色的线条和阴影来突显眼部特征，打造精致妆容呢？有句古话道出了其中一个原因："眼睛是心灵的窗户。"翻阅本书时不难发现，虽然不同时代的审美标准有异，不同国家和文化的审美取向有别，眼睛（无论带不带妆）的重要性却未曾改变，甚至《圣经》里都能读出这番意味："眼睛就是身上的灯。你的眼睛若亮了，全身就光明。"但是为什么要用黑色元素打造眼妆呢？和赭色一样，从木炭和氧化锰矿石中提取的黑色，是新石器时代洞穴壁画中使用的古老色彩之一。黑色如同红色，能传递出繁复，有时甚至矛盾的含义。它可以代表哀悼、死亡、权力、秘密、神秘、戏剧性，等等。

古埃及人使用的眼线颜料（Kohl）无疑是当今繁多的眼部黑色化妆品中一直备受推崇的一种。相比其他化妆品，它与某些特定时期和文化运动之间的联系更加密切。即便你可能对化妆品不感冒，在想到默片时代、第二次世界大战后"垮掉的一代"和嬉皮士群体，或者是20世纪90年代初广为流行的颓废装束时，描着黑色眼线的眼睛一定是最先闯入你脑海的画面之一。

人类在过去几千年之中，一直用黑色的线条来勾勒、保护和突出他们的眼睛。

虽然其他化妆品的来源难以追溯，但是眼线被公认为古埃及的发明。几乎所有的埃及艺术或雕塑作品在塑造人物时，都会把眼睛和眉毛的轮廓描画得清晰可见。从描绘帝王谷和王后谷内景的湿壁画中可以看出，古埃及的男男女女都描着黑色的眼线颜料。即使你对这个时期留存下来的艺术作品了解不深，古埃及人必备的化妆品——黑色眼线，早已通过影视作品给我们留下了无法磨灭的印象。比如，传奇影星伊丽莎白·泰勒（Elizabeth Taylor）塑造的经典角色埃及艳后克利奥帕特拉七世（Cleopatra），一双黑色的电眼上描着长长的眼线，涂满蓝色的眼影，造型夸张，轮廓分明（好莱坞20世纪60年代司空见惯的这种蓝色眼影造型是现代人的想象与发挥）。

这种极具埃及风格的眼妆已经成为埃及人的代名词。当然，为了实现某些艺术效果，它也可能被强调或夸大。但是我们知道埃及人会使用化妆品，是因为在不同的早期墓地中找到了装眼影的容器和用来研磨的化妆盘。这些出土的文物也说明古埃及和其他早期文明不同，化妆品并不是权贵的专利，考古人员在最简陋的棺木和坟墓中也发现了化妆盒的踪迹。不富裕的埃及人会用款式简单、价格低廉的容器，比如罐子、贝壳或者芦苇来存放他们的眼影和其他化妆品；而富人则

左图：伊丽莎白·泰勒在1963年上映的《埃及艳后》（*Cleopatra*）中的造型，让颇为夸张的埃及式眼影在流行文化中形象更为鲜明，一直延续至今。

对页图：从古埃及艺术品中可以看出，浓黑的眼线已经成为一种风格。但历史学家和考古学家无法考证这些艺术品对当时的现实情况做了多大程度的夸张。

奈费尔提蒂（Nefertiti）的雕像和索菲亚·罗兰的照片虽然远隔千年，但是从中我们可以发现，纵然历史变迁，某些特征仍被视为美的象征，比如清晰的轮廓、杏眼、高颧骨、丰唇和修长的脖颈。

图中，一位坐在梳妆台前的女性正在使用一块黑色的饰颜片，盒盖上有她心上人的画像。

脸上的“补丁”

当你想起下图盒中的饰颜片的时候，玛丽·安托瓦内特和她的褶裥长裙会跃入脑海。但事实上，在此之前的很长一段时间里，人们就已经开始使用饰颜片了。证据显示，古罗马女性为了掩盖面部的瑕疵，把名为“splenia”的装饰物贴在脸上，但饰颜片真正开始流行，要追溯到16世纪晚期。除了使用常见的美白膏和药水来遮盖不均匀的色素沉淀、疤痕和痘坑，买得起饰颜片的女性会用由丝绸、天鹅绒、绸缎和塔夫绸制成的小块黑色绸片来掩盖瑕疵，突显雪白的瓷肌。饰颜片在这个时间开始流行并不是巧合：当时天花病毒肆虐，许多人的皮肤上都留下了疤痕和脓疱。在那个没有修图技术的年代，贴上饰颜片几乎就是最好的选择了。饰颜片被裁剪成不同的形状，比如心形和圆形，贴在皮肤上来遮盖缺点。不同位置的含义也有所不同：右脸颊上的饰颜片表示已婚，而贴在左脸颊上表示订婚，贴在嘴角昭告天下自己是单身，而装饰在眼角则表明是某人的情妇。在18世纪的英国，饰颜片带上了政治色彩，辉格党和托利党的支持者们会把它们贴在脸颊的不同侧。

亨利·米松（Henri Misson）曾在17世纪游览英国，这位法国人在1719年写下了自己对英国女性的评价：

> 法国女性对饰颜片并不陌生，但是只有年轻貌美的法国女性才会使用它。在英国，不论年纪大小、漂亮与否，英国女性统统使用饰颜片……我曾经在一位皮肤黝黑、满脸皱纹的70多岁的老妇人脸上数出了不下15个饰颜片。

将他们的化妆品存放在象牙雕刻成的容器里，使用的化妆品调制盘、勺子和化妆工具也异常精美。

普遍来说，古埃及人使用的眼线是一种成分复杂的混合物，包括碾碎的锑矿石（一种银灰色的类金属元素）、炙烤后的杏仁、铅、氧化铜、赭石、灰、孔雀石（从氧化铜中提炼出的颜料）以及硅孔雀石（一种蓝绿色的铜矿石），他们将这些成分混合在一起，制成黑、灰或者绿色的颜料。将这些颜料放在石制容器中贮藏，加入水和油湿润，在勺子中或是化妆品调制盘上进行混合之后，再用特制的涂抹工具描画眼睛的轮廓，给眼睑上色。英国大不列颠博物馆收藏了一个从一位抄写员的坟墓中出土的罐子，上面甚至详细地列出了使用时间——“无论是汛期的四个月、冬季的四个月，还是夏季的四个月，每天都适用”，意味着每年不同的时节，使用的化妆品也可能不同。神奇的是，如今的眼线跟一千年前使用的没有多大差别，连画眼线的工具和储存的容器都惊人地相似：真正的古埃及式眼线放置在小盒子里，内容物包括一个棒状的涂抹工具和放眼线膏的格子。

有一种黑色，饱经沧桑；有一种黑色，历久弥新。

——葛饰北斋（Katsushika Hokusai）

不仅是使用的工具非常先进，对古代样本的最新研究显示，古埃及人都是博学多才的美容师，他们使用的眼线和眼影分为两种截然不同的类型。第一种绿色眼影粉是由西奈出产的绿色孔雀石制成的。西奈被认为是埃及神话中女神哈索尔（Hathor）的神域，她掌管美丽、欢愉、爱和女性，也被称为“孔雀石女神”；第二种黑色眼影粉是一种深灰色的铅矿石粉末，由辉锑矿（硫化锑）粉末或是产自红海沿岸阿斯旺地区的有毒的方铅矿（硫化铅）粉末制成，由方铅矿制成的黑色眼影更为典型。

我们能分析出古埃及黑色眼线的成分，也能想象出他们用眼线打造出的独特妆容（如果我们愿意的话，可以轻易地复制成功）。但为什么他们首先选择描画眼睛呢？关于这个问题的答案，有两种主要的推测。第一种推测认为化妆品具有药用价值，能够防止眼部感染，保护眼睛免受强烈阳光的伤害，这种推测也越发得到大众的认可。大多数古埃及人居住在烟尘弥漫的干旱沙漠地带，或是尼罗河沿岸的湿软沼泽地带，对保护皮肤，尤其是眼周脆弱的皮肤，有着强烈的需求。在出土的各类医学手稿中都能找到治疗例如沙眼和结膜炎等眼疾的处方，这类眼疾在埃及和波斯等干旱国家非常普遍，还能看到治疗眼睑、瞳孔和角膜疾病的药物的详细配方。成书于公元前1550左右的《埃伯斯纸草书》（Ebers Papyrus）是世界上现存最古老的医书，同时也是古埃及最重要的医学古籍，绿色的孔雀石和黑色的方铅矿（除红赭石、天青石和其他未能确认的矿石以外）在书内一百多种药方里都扮演了重要的角色。眼线和眼影被写入治疗眼疾的药方，进一步证实了埃及人每天描画的黑色眼线不仅是为了装饰眼部，也是为了保护眼睛免受伤害。2010年，法国科学家菲利普·瓦尔特（Philippe Walter）和克里斯汀·阿芒托（Christian Amatore）找到了证明古埃及的黑色眼线能够有效防止眼部感染的有力证据。两位科学家和来自法国博物馆实验研究室和欧莱雅（L'Oréal）研究室的研究小组成员，对卢浮宫内的52份古埃及化妆品样本进行了分析。在经过测试的样品中，他们找到了4种含铅物质。这些物质能让人体皮肤细胞中一氧化氮的含量翻倍，而一氧化氮对皮肤抵抗病菌入侵极其关键。进入尼罗河汛期后，河流沿岸的沼泽地带

黑色的眼影如此流行，很难想象一个不使用黑色眼影的时代会是什么样的。

黑色没有边界，任凭想象力在其中驰骋。

——《色彩的浓度》，德里克·贾曼

频发病毒性眼部感染（目前情况依旧如此），科学家认为，古埃及人有意使用含铅的化妆品来预防或者是治疗眼部疾病。除此之外，4种含铅物质中有2种由人工合成，那它们一定出自古埃及的“化学家”之手。

上图：古希腊的女性使用软木炭和烟灰来描眉，而在鼻梁上相接的连心眉则被认为是美的象征。

对页图：虽然在过往数千年中，眼线一直是中东、北非和南亚地区的重要化妆品，而现代西方社会开始使用眼线的时间可以追溯到发现奈费尔提蒂王后半身像的 1912 年，此次发现让黑色眼妆的潮流迅速传播至世界各国。

第二个推测认为黑色眼线是地位的象征，具有宗教和仪式上的重要意义。历史学家和人类学家反复把埃及艺术作品中出现的黑色眼线和古埃及的太阳神荷鲁斯（Horus）联系在一起。荷鲁斯的形象众多，但他最常被描绘成一只鹰的样子。古埃及人把“荷鲁斯之眼”当作护身符，护身符上的眼睛涂着黑黑的眼线，从这里就不难看出，为什么人们要把黑色的眼线和太阳神联系在一起了。另一种化妆品和宗教之间的联系存在于女神哈索尔和孔雀石之间，或许对古埃及的女性而言，涂抹孔雀石的粉末是为了分享哈索尔精神实体的一部分。

不管使用黑色眼线的初衷为何，很有可能的是，最初为了基础或实际需求而使用的物品后期衍生出了装饰性的功能，防止沙尘入眼的软膏和药膏后来变成了彩色的。在古埃及历史中，眼线的使用方法不断变化。在埃及古王国时期（公元前2686—公元前2181年），涂满整个眼睑的祖母绿眼影和黑色眼线是描眉画目时最流行的搭配。后来到了新王国时期（公元前1550—公元前1070年），黑色取代了绿色，成为眼影颜色的首选。埃及法老图坦卡蒙（Tutankhamen）石棺上的面容，描着浓浓的眼线，从外眼角一直延伸到太阳穴。

虽然关于波斯第一帝国（公元前550—公元前330年）化妆品使用情况的手稿数量不多，但

牙齿美“黑”

历史上，日本文化以黑为美，黑色备受推崇。古代的日本人用黑色描画眉眼的做法和现代差距不大，但是把牙齿染成黑色确实让人在审美上有些难以接受。对不惜重金美白牙齿的西方人来说，染黑牙齿着实奇怪，但是，牙齿美“黑”的确风行于古代的日本、中国和东南亚。早在秦汉时期（公元前206年—公元220年），中国的女性就开始染黑齿；而在日本，染黑齿（日语中称之为“お歯黒”）起源于史前时代，一直延续到过去不久的明治时代（1868—1912）末期。在古代日本平安时代的一个故事中，一位惊恐的女仆把一位女子未染黑的牙齿比作被剥了皮的毛毛虫。

和如今的牙齿漂白一样，牙齿染黑也是一个冗长、痛苦的过程。染色的配方或许有很多，但主要成分都是名为“铁浆水”的深棕色铁溶液，用醋酸溶解铁屑制成。再加入五倍子或茶粉或其他植物多酚后，溶液转化为黑色非水溶性染料，以一天一次或几天一次的频率把染料涂在牙齿上。除了显著的着色效果，染料也能防止牙齿龋坏。其他牙齿染料包括硫酸和牡蛎壳；而舞台表演者会用墨水、松节油和蜡调制成染料来染黑牙齿。

日本室町时代（1336—1573）的人们在青春期就会染齿；到了江户时代（1603—1867），所有已婚女性都必须把牙齿染黑。自此以后，只有皇室和贵族男性才会染黑齿。因为过程中气味难闻、烦琐费力，并让年轻女子感觉青春不再，所以只有已婚妇女、18岁以上的未婚女性、妓女和艺伎才会染齿。1870年2月5日，政府下达禁令，染黑齿才逐渐退出历史舞台。如今，除了在艺术作品和电影中以外，你只能在艺伎的住所看到黑齿了。

染黑齿的风俗在越南得以留存，但也日渐衰落，基本上只有年长的女性才会这么做。即便大家通常认为越南女人的牙齿发黑不过是嚼槟榔（槟榔叶、槟榔子和石灰的混合物）的结果，但和日本一样，这里的人们把一口闪亮的牙齿当作美丽的象征，也是女性的成年和成熟的标志。此外，染黑齿在越南也兼具着重要的宗教意义。越南社科院文化所教授吴德盛（Ngo Duc Thinh）指出，黑齿被认为可以驱邪避凶，而这个说法出现，是因为鬼怪、野人和野生动物都长着白色的长牙，涂黑的牙齿就可以庇佑拥有者免受魑魅魍魉体内邪凶的侵害。

《染黑齿》，喜多川歌麿（Kitagawa Utamaro）

乔治亚・奥基弗（Georgia O'keeffe）曾经说过，黑色有一种能让你隐身其中的能力。但是，当用黑色彩妆在脸上勾勒出清晰轮廓、打造风格化和更加自信的妆容时，奥基弗的话就不再适用了。

四十年后，才发现黑色是万色之后。

——皮埃尔-奥古斯特·雷诺阿（Pierre-Auguste Renoir）

从波斯波利斯（Persepolis）的雕像及浮雕作品中的眼睛可以看出，眼睛和眉毛不仅在审美上具有重要性，更是传达神灵旨意的象征。在波斯，黑色眼线是7种化妆单品中最古老也最重要的一种，用于宗教仪式和医疗中，和在埃及的用途如出一辙。波斯语中，被称为“surma”（阿拉伯语为“kuhl“或“atwad”）的眼线成分多样，但主要是铁矿石粉末。一本波斯字典中描述了眼线的制作方法：将锑等有光泽的矿石研磨至可用于眼部的烟灰状粉末。这种化妆风格一直延续到今日的中东，没抹过眼线粉的新娘算不上是真正的新娘。

和波斯女性一样，雅典女性喜欢用锑粉、软木炭和烟灰的混合物来强调眼部，她们同样也会用含烟灰的混合物来涂黑眉毛，如果像弗里达·卡罗（Frida Kahlo）那样让眉毛在鼻子的上方相连就更好了，因为连心眉在当时被视为美丽的象征。罗马女性也追求相同的时尚，她们用锑粉、铅粉或者烟灰来描眉上色。希腊和罗马时期的眼妆中加入的白色粉末被认为是用于治疗眼疾的，之所以加入白色粉末，很可能是因为其中含有一氧化氮。而在罗马，人们把男女之间的对视与性欲和性兴奋明确地联系在一起，这种观点让惹眼的眼妆在罗马成为“声名狼藉”的女性的专利。

黑色眼妆如此流行，很难想象没有它的时代会是怎样的。尽管眼线是古代化妆品中的经典——出于宗教、健康和审美的缘故，印度、南亚、中东和非洲部分地区依然在使用眼线粉，罗马帝国没落后，欧洲人开始偏好苍白肌肤、腮红和极简的眼部装饰，这股潮流一直从中世纪延续到爱德华时期。显然，在这一千多年的时间里，黑色眼妆完全失宠了，直到20世纪20年代才重新回归彩妆界。1923年发现的图坦卡蒙陵墓——古老又充满异域风情的出土文物让人着迷——对眼线的回归而言十分重要（我们将在后文看到这一点），同样起到关键作用的还有好莱坞电影，以及女性不再担心社会的非难、对更显眼妆容的接受程度有所提高的事实。自那以后，潮流在变化，科技在发展，但我们对黑色妆容的爱却是永恒的。进入21世纪，不论是在好莱坞的电影场景中，还是在柏林街头，抑或巴黎秀场里，你都能看见线条生动的黑色眼线。

历史上用黑色颜料勾勒眼睛线条的方法和设计不计其数。如今市场上有各种鲜亮颜色的眼线笔，但黑色眼线笔依然是首选。

Penelope Tree，1967。摄影：Richard Avedon。

奈费尔提蒂

极负盛名的埃及艳后不止有克利奥帕特拉七世，还有古代美人的代名词，埃及王后奈费尔提蒂——她名字甚至都是“美人到来”的意思。奈费尔提蒂之所以能够以“美妆偶像”的形象鲜活地存在于我们的集体想象中，主要是因为那尊著名的半身塑像。塑像用石灰岩雕刻而成，上面使用彩色装饰性灰泥层层包裹，由宫廷雕塑家图特摩斯（Thutmose）于公元前1340年完成的。该雕像于1912年被发现，现存于柏林埃及博物馆的独立展室中（多年以来，埃及政府一直在要求德国归还塑像）。

奈费尔提蒂的半身像不仅是埃及艺术中最重要、最著名的作品，也为我们深入了解古代审美提供了有趣的内容。半身像在1992年和2009年分别进行过一次X光和CT扫描，第二次扫描出的诸多细节让研究人员能够看清雕塑使用的石灰岩岩心上的褶皱。这次扫描结果也显示，塑像内部和外部的面部轮廓存在几处差异：“内层”脸部颧骨没有那么突出，嘴角和脸颊上留有皱纹，鼻梁上有缺憾，而且眼窝也没有那么深。分析此次扫描结果的原创文章指出，石灰岩岩心上的面部轮廓才是奈费尔提蒂面容的真实写照。这样的结论让当时的报纸声称，这尊3 300多岁的半身塑像的外部面部轮廓经过了后期加工，这意味着奈费尔提蒂是第一个被“美化”的女性。事实上，艺术作品中的古埃及女性通常以“完美女人”的形象出现，而胸部下垂、满脸皱纹这些衰老的特征只能出现在代表底层妇女的形象中，这早已成为人们的共识。

不管半身塑像外部的面部轮廓是否符合“完美女人”的理想形象，奈费尔提蒂的高颧骨、清晰分明的拱形眉、红润嘴唇展露的神秘微笑和描着黑色眼线的双眸，都与20世纪流行的彩妆风格极其相似，这种风格延续至今。半身像于1924年首次展出后，立刻在全球范围内激起了剧烈反响。继1922年图坦卡蒙墓被发现之后，全球再度掀起埃及狂潮，这对当时的彩妆趋势也产生了强烈的影响。1929年，*VOGUE*英国版曾发表题为《埃及的眼线罐》（*The Kohl Pots of Egypt*）的文章，描述了图坦卡蒙的妻子、奈费尔提蒂的女儿安克姗娜蒙（Ankhesenamen）王后的妆容。毫无疑问，虽然不同文化和历史时期的审美标准存异，奈费尔提蒂惊艳而永恒的美貌却是无法否认的，超越了空间和时间的限制，在她离世后千年，我们依然对她的美貌感兴趣。南茜·埃特考夫曾如此评价：“人们认为美丽的面部一般性遗传特征可能是世界共通的。”

米娜·库玛里

1932年出生于印度孟买的米娜·库玛里（Meena Kumari）原名玛贾宾·巴诺（Mahjabeen Bano），在印度宝莱坞电影的黄金年代成名。直到现在，她依然是宝莱坞最具代表性的女演员，当然也是最多产的一位：1952到1960年期间，她一共出演了34部电影，数量惊人；而在整个职业生涯中，她一共参演了93部作品。

宝莱坞是世界上最受欢迎、最成功的电影产业之一。虽然第一部宝莱坞电影是时长仅为40分钟的默片，但如今的宝莱坞影片以生动鲜活、色彩丰富和载歌载舞著称，用视觉盛宴俘获了大批观众。宝莱坞影片的时长通常可以达到3至4个小时（只有一次幕间休息）！

宝莱坞的妆容精致又独具风格，包含多种元素，吸收了印度和南亚地区婚礼、节庆和特殊场合妆容的传统。用浓黑的眼线勾勒出经典的眼妆造型，搭配上奢华的金饰和珠宝的丰富色彩，再加上浓密的睫毛和有型的眉毛，都能帮助演员把情感和神态通过眼睛传达给观众。眉心贴和印度手绘（手掌和脚掌上的装饰品）不仅是饰品，同时也起到了诠释人物和场景的作用（但这些装饰品的重要性在不同文化中存在差别）。这样的妆容完美地衬托出了演员华美的服装和珠宝首饰。

宝莱坞的化妆师历来都是男性，工会利用职权，几乎剥夺了女性从事电影片场化妆师的一切可能性，列举出的反对原因从“保护男性的生计”到“认为女化妆师会嫉妒女演员，从而会在妆容上丑化她们，导致女演员无法展现美丽的容貌”，不一而足。直到2014年11月，印度最高法院才做出裁决，宣布禁止女性从事电影化妆师的禁令违法，即刻废除了该项歧视女性的禁令。

1951年，19岁的库玛里签约出演卡玛尔·阿姆鲁西（Kamal Amrohi）导演的电影。此次合作改变了她的人生：在基本依靠书信恋爱一年后，库玛里和阿姆鲁西秘密结婚。此后两人再度合作，于1952年推出了电影《拜朱·巴瓦拉》（Baiju Bawra）。电影取得了巨大成功，也让库玛里步入了一线女星的行列。在印度地位相当于《电影》（*Photoplay*）在美国地位的《电影观众》（*Filmfare*）杂志撰文表示，库玛里“有一张为镜头而生、令人兴奋的脸——是化妆品牌一直梦寐以求的那张脸”，并把她列为最美的女演员之一。杂志的评论颇具预言性，而化妆品厂商也无须再做梦：库玛里在1953年末成为力士香皂（联合利华公司生产的身体美容产品）的代言人，她的海报随处可见。

1961到1964年间，库玛里着手电影《墓地里的玫瑰》（*Pakeezah*）的相关拍摄工作，这部新电影的脚本由阿姆鲁西创作。该电影的拍摄耗时14年，创下了纪录——在这段难熬的时光中，两人经历了一场混乱而又痛苦的离婚。1972年，在电影上映仅仅一周之后，39岁的库玛里就因酗酒引发的肺部疾病香消玉殒。《墓地里的玫瑰》是宝莱坞有史以来最为成功的电影，而拥有摄人心魂美貌的库玛里也由此被称为“悲剧女王”。

碧姬·芭铎

1934年，碧姬·芭铎（Brigitte Bardot）降生在法国巴黎一个人脉甚广的家庭。从少女时期起，芭铎就涉足模特行业，出现在各类女性杂志上。1949年5月，年仅15岁的芭铎更是登上了《ELLE》的封面。3年后，芭铎与记者兼电影导演罗杰·瓦迪姆（Roger Vadim）结婚，并出演电影处女作《为爱而狂》（*Crazy for Love*）。接下来的四年中，芭铎陆续参演了几部电影，1956年上映的《上帝创造女人》（*And God Created Women*）虽引发颇多争议，但也让她一跃成名——影片也让世界认识了比基尼。有意思的是，与英国名模崔姬（Twiggy）和玛丽莲·梦露（Marilyn Monroe）一样，芭铎是在把天生的浅棕色头发染成金色后才实现了突破：配上这一头金发，一枚性感炸弹装备完成。

为她撰写传记的作家吉内特·文森多（Ginette Vincendeau）曾写道，芭铎（被称为“BB”）“颠覆了女性的形象和行为的原有标准……‘新’（前所未有的性感、领导动物保护组织、全新的形象和年轻的放肆）和‘旧’（投射欲望的对象，性感姿势信手拈来）在她身上形成了独特的结合”。

芭铎和崔姬一样，妆容曾引领彩妆的潮流。她不喜欢把眼睛化得又大又圆，这样太过普通，而是偏好用眼尾上扬的眼线，让眼睛看起来像被拉长的猫眼，性感撩人；她用晕染的眼影打造烟熏效果；用唇线笔完整地勾勒出嘴唇线条，让不涂唇彩的双唇达到最丰厚饱满的效果。在化妆上，芭铎经常亲力亲为，不过在1955年至1973年间也曾雇用奥德特·贝鲁瓦耶（Odette Berroyer）做化妆师，后者为她打造了出演许多影片和出席活动时的妆容。不难从这段时期芭铎眼妆的变化中看出，贝鲁瓦耶或许在芭铎经典妆容的形成中扮演了关键性的角色。芭铎和贝鲁瓦耶的关系亲密，1978年，芭铎甚至还在自己寓所附近给贝鲁瓦耶买了一套公寓。

1961年，芭铎成为法国化妆品牌Aziza的新面孔，为该品牌旗下的眼妆产品代言，打出了“为芭铎也为你，来自Aziza眼妆的致命诱惑”的广告语。但是我们现在无法确定，该品牌是付费让芭铎成为代言人还是在未经允许的情况下使用了她的照片。芭铎于1973年息影，此后投身动物保护事业，成为一名狂热的动物保护主义者。近年来，芭铎因为发表关于种族、性和宗教的言论而引发争议。

奥黛丽·赫本

奥黛丽·凯瑟琳·赫本－拉斯顿（Audrey Kathleen Hepburn-Ruston）于1929年出生于比利时布鲁塞尔。5岁那年，小赫本被送入寄宿制学校，在那里第一次接触并学习芭蕾舞，后来因为战争的爆发而中断学业回家。不幸的是，荷兰并没有保持多长时间的中立，德国于1940年入侵。直到1945年，也就是赫本16岁生日那一年，赫本和家人才终于重获自由。

战争过后，赫本搬到伦敦。当被告知5年德据时期的营养不良让她无法成为一名职业舞者时，赫本备受打击。1951年，赫本被小说《琪琪》（*Gigi*）的作者、法国风月派女作家科莱特（Colette）发掘，科莱特于同年邀请她出演该小说改编的电影，饰演同名角色琪琪，为赫本的银幕事业创造了良好开端。不久后，赫本拿下了《罗马假日》（*Roman Holiday*，1953）的女主角，该角色与《蒂凡尼的早餐》（*Breakfast at Tiffany's*）中的霍莉·戈莱特丽（Holly Golightly）共同定义了赫本的经典银幕形象，并让她拿下了奥斯卡最佳女演员奖。导演威廉·惠勒（William Wyler）对赫本做过著名的评价："她看起来完全就是一位公主，一位真正的、活生生的、如假包换的公主。她开口的时候，你会十分确信自己已经找到了一位公主。"

赫本的传记作者亚历山大·沃克（Alexander Walker）说得更加透彻："《罗马假日》定义了赫本余生的个性和天赋：她不谙世事但又不失良好的判断力，拥有对于生活的无限渴求，她是幸福的礼物，有激发保护欲的柔弱，但也散发着天生的独立感。影片中那个无拘无束的公主让理发师给她剪了新发型，从此这个不失女性优雅的中性造型就被一代又一代的女性影迷称为'赫本头'。"

如果《罗马假日》把赫本塑造成一个瞪着小鹿般的圆眼、带着一丝假小子气的公主，那么在部分根据杜鲁门·卡波特（Truman Capote）小说改编，于1961年上映的《蒂凡尼的早餐》中，她扮演的脆弱、美丽的霍莉·戈莱特丽则进一步巩固了她作为20世纪伟大偶像的地位。

在整个职业生涯中，赫本一直与一位意大利化妆师阿尔贝托·德·罗西（Alberto de Rossi）合作。在一次采访中她曾说："阿尔贝托不仅为人随和，也是一位伟大的化妆师。每次他给我化完妆之后，我都确信我比本来的自己更美了。"

德·罗西被认为创造了赫本的经典眼妆，在赫本之子肖恩（Sean）的描述中，整个眼妆画起来非常耗时，需要上一层又一层的睫毛膏，并用针把每一根睫毛都分开。"我记得他去世的时候，母亲痛哭不止，好像自己的兄长去世了一样，她说自己再也不想工作了。"

与20世纪50年代时相比，赫本60年代的妆容发生了不小的变化。50年代时，她的眉毛被眉笔描得很粗，非常醒目，此外，她使用的基本是红色唇彩；而到了60年代，她的眼妆基本保持不变，

还是标志性的小鹿般的圆眼，但眉毛却淡了很多，唇彩也变成了浅浅的桃粉色，这是当时典型的妆容。

1988 年，赫本成为联合国教科文组织的亲善大使。为了慈善事业，赫本积极奔走，曾造访 20 多个国家，唤起人们对贫困问题的关注。她尤其热心帮助儿童，成立了奥黛丽·赫本儿童基金会，该基金会目前依然为儿童的医疗和教育问题提供资金支持。

第二部分

美妆产业

虽然最古老的文明的居民们就已经十分关注美，但是直到近代，化妆品行业才发展成为如今我们看到的巨大产业。

VOGUE

第4章

媒体与动力

梦想的缔造者

我们如今生活在图像之中，不论是翻阅杂志、观看电视、浏览手机还是漫步街头，各种图像扑面而来，让人无法回避。在过去的一千年中，东西方国家使用化妆品的行为背后的动机和欲望几乎没有改变；而平面媒体、广播和消费社会的出现却让化妆品行业产生了巨变，并加快了变化的速度。

让我们花点时间想象一个没有广告的世界，想一想外界对我们的视觉和情感的吸引力会减弱多少。然后再试着幻想一个基本没有图像的世界，这或许会让你感到不安，不过在不到一千年以前，人类就生活在这样一个社会中。当然，洞穴壁画、象形文字和其他古代艺术形式依然存在，但是没有人类栩栩如生的画像。祭祀场所的早期宗教画像和绘图是各个阶层的人民能够观看到的最早的图像。虽然这些画像大多耀眼华丽，但它们基本都是用来瞻仰的象征性图画，缺乏真实性。

甚至两百年前的人们看到的图像也和今天我们能够看到的相去甚远。在通信手段只有口头和纸笔的年代，为了目睹某样事物，你必须亲自到那个地方去才行。

和彩妆产业一样，如今看起来稀松平常的女性杂志，其实直到近代才出现。

那时候，人们无法通过任何渠道目睹他人的真实容貌，所以如今大家竞相模仿的“美丽标杆”是直到最近才出现的概念，在当时根本不存在。因为缺乏便利的交通，绝大多数人根本不知道自己生活的城镇或村庄（更别说其他国家）以外的人长得什么模样。平民百姓不了解王公贵族的潮流，悬挂在宫殿和府第中的皇室画像创造出一个关于发型、时装和化妆流行趋势的微观世界，而这些趋势几乎不会延伸到皇宫以外的地方去——就算可以，也要花上好几年（就算不是数十年）才能渗透进百姓的生活中，和如今“模仿昨夜红毯明星穿搭”式快速的媒体传播之间存在天壤之别。

印刷机的发明迈出了永远改变上述现象的第一步。中国在公元1041年发明了已知最早的印刷系统，而德国人约翰·古腾堡（Johannes Gutenberg）在1450年左右发明的第一台铅活字印刷机，预示着信息交换领域的巨变，让来自科学、政治和文学的思想能够在数量庞大的受众之间传播。当然，这其中也包括化妆品生产和使用方面的信息。以前，美丽的“秘诀”和美容产品的配方依靠家族中的女性成员代代相传，或是由村中的女巫保管，再用从当地获取和生长的原料手工制成。如今有了印刷和发行，这些信息得以迅速地传播。

文艺复兴时期的化妆品宣传册

在文艺复兴时期的意大利，出现了在街上大范围推广化妆品的文化，化妆品配方书只需要“少量的葡萄酒”就可以换到——换言之，就是它们的价格超乎寻常地低廉。化妆品宣传册在各类人群中传阅，小贩也会销售印有美容建议和产品配方的册子，商贩不仅会提供原料，还会提供相应的指导。

这些手册逐渐演化成为一种流行的图书类别——“秘诀类”。这种书不仅是有医疗手册，

I SECRETI DE LA
SIGNORA ISABELLA
CORTESE,
NE' QVALI SI CONTENGONO
cose minerali, medicinali, arteficiose, & Alchimiche,
& molte de l'arte profumitoria, appartenenti
a ogni gran Signora. Con altri bel-
lissimi Secreti aggiunti.
CON PRIVILEGIO.

IN VENETIA,
Appresso Giouanni Bariletto.
1565.

上图：到了 16 世纪，随着印刷技术的成熟和成本的降低，印有美容建议和产品配方的化妆品宣传册迅速传播，各个阶层的人群都可以获取并阅读。

对页图：除了女性杂志，19 世纪开始流行的还有时尚插图。杂志价格越高，图片的画质也越好，比如这张刊登在 1827 年出版的《美物集锦》杂志（*La Belle Assemblée*）上的手工着色的蚀刻画。

还囊括家居指南（如何保存食物的建议和胭脂的配方可能会同时出现），书中还涵盖了科学、巫术和宗教内容。这类图书中的第一部同时也是最出名的一部著作，是意大利贵妇卡特琳娜·斯福尔扎（Caterina Sforza）于1500年左右整理而成的配方和实验集《实验》（*Gli Experimenti*），它和12世纪的《妇科疾》以及更古老的古埃及《埃伯斯纸草书》一脉相承。诸多因素成就了这本书的传奇地位，不仅因为它出自一位受过良好教育、身世经历略为后人所知的女性，而这种情况极其少见，更因为这是首部可以确定是由女性执笔的美妆书籍。《实验》的内容中有斯福尔扎身边的美容传统，也有她从传统医书中汲取的精华（比如古希腊名医盖伦的学说）。作为现代的美丽权威，卡特琳娜创立了已知最早的化妆交流社群，通过写信的方式讨论并为《实验》收集配方。该书的译者，同时也是学者的杰奎琳·斯派塞认为，虽然书中的454个配方中只有66个被归为化妆品类，实际上，涉及美容和化妆品——包括皮肤清洁、祛斑和染发——的配方多达192个。斯派塞也指出，从让物品看起来像金子和给别人下毒等非化妆品类的配方中可以看出，作者不拘一格、涉猎广泛。

继《实验》之后，《伊莎贝拉·科尔泰塞女士的秘密》（*The Secrets of Lady Isabella Cortese*，1561）——和斯福尔扎的作品一样，据传这本书也是罕见的女性作家的作品——也取得了巨大的成功，再版6次，可以看出大众对此类收录了民间医学和化妆品知识的书籍的渴求。鉴于女性作家在当时并不多见，我们可以认为当时绝大多数的化妆品宣传册都出自男性之手。

17世纪见证了女性驱动下的出版热潮，出版的内容纷纷为化妆品正名。英国除了有《淑

女演员在化妆品产业的发展初期扮演了重要的角色，她们时常在剧目中和报纸上为产品做推广。上图为莉莉·兰特里的梨牌香皂宣传画。

女之友》（*The Gentlewoman's Companion*，1673），还有一本名为《美丽助手之声》（*A Discourse of Auxiliary Beauty*，1656）的杂志曾经表示："我们的脸庞和身体其他部位一样重要，不应该再被忽视。"同样，《淑女知库》（*The Ladies Dictionary*，1694）也曾指出，化妆不是为了耍花招或欺骗，而是有实用价值。这种"有用性"在《两个女人的通信：就人造之美在道德层面是否合法的有益讨论》（*Several Letters Between Two Ladies Wherein the Lawfulness and Unlawfulness of Artificial Beauty in Point of Conscience Are Nicely Debated*，1701）中得到了进一步的阐释。过去人们心目中的化妆品是圣居普良口中"对上帝手工艺品的侮辱和对真实的扭曲"，但随着宗教和道德立场的改变，以及持更开放和接受心态的大众的影响，化妆品逐渐摆脱了这样的形象，而几乎席卷了整个欧洲的美妆文化逐渐兴起。

英国最早的女性杂志是1693首次付印的《女性导览》（*The Ladies' Mercury*），和如今的女性杂志基本没有相似之处，该杂志中给女性提供爱情和两性关系建议的专栏由男性执笔。后来的几个世纪中，其他女性杂志纷纷面市，绝大多数的名字中都带有"女性"这个字眼。和目前依然在发行的英国《女性》（*The Lady*）杂志一样，它们几乎都在迎合上层女性的需要，在供消遣的同时还能提供实现"教育"目的。这些女性杂志上刊登的都是被认为适合女性阅读的内容，而不是谈论女性话题的文章和专题。这样的风格从乔治王朝时代开始发生变化。到了19世纪中期，由于杂志社对拓宽读者群的希望和女性概念的明晰，女性杂志的内容与之前比有了很大的不同。1880年到1900年期间，共有50种新的女性杂志面市，和礼仪指南颇为相似（这类书籍的需求量大），这些杂志指导女性如何穿衣打扮、举止得体。这些新上市的杂志创造并传播了一种"完美的女性形象"，并暗示读者到达这个标准的唯一方法就是遵循杂志里的种种建议——许多人认为这样的思维方式一直延续到今天。时尚插图在那个时候开始流行，从审美的角度推动了女性读者对完美女性形象的追求。当时的时尚杂志至少有一张插图，而价格更高的时尚杂志有时候会刊登六张彩色插图。这些图片在提供衣着相关信息的同时，也展示了相搭配的发型和配饰，塑造出代表完美女性的形象。

1806年出版的《美物集锦》是英国最早的时尚杂志，里面可以看到许多摄政时期时尚风格

1901 年手工着色的时尚摄影插图是将妆容和服装的色调相协调的早期例子。

19 世纪末期，女演员——例如女神般的莎拉·贝恩哈特——的社会地位开始上升，在一定程度上改变了社会对化妆的看法。对女演员的幻想和接纳是化妆品行业崛起的首要因素。

的彩色插图。虽然杂志从来没有讨论过化妆品，但是插图中的女性显然涂了腮红和唇彩，脸颊娇艳，嘴唇好比精致的深红色玫瑰花蕾。同样，欧洲的早期杂志中有一本法国的《时尚》（*Les Modes*），创立于1901年，杂志图片中上流社会的女性身穿设计师的作品，大多化着惹眼的妆容。1901年出版的几期《时尚》杂志刊登的插图中，模特和上流社会的女性展示了和服饰颜色相衬的妆容。比如在前一页的图片上，一位身着棕色裙装的女性涂了棕色的唇彩和浅棕橘色的腮红。颜色可能是手绘到图片上的，但是色调的相似性（和《美物集锦》杂志中清一色的粉色腮红形成鲜明对比）充分说明彩妆正逐渐成为时尚的一部分。杂志中的插图能够激发读者的灵感，这样的一张插图会促使女性思考如何对妆容和外套进行搭配——这在当时是个全新的概念。虽然《时尚》杂志中有美发和香水等美容服务和产品的广告，但是化妆品的宣传基本是在暗中进行的，所以没有在明面上推广化妆品的文章或是广告。

文艺复兴运动曾带来翻天覆地的变化，但在这一时期，化妆品又变成了“地下产品”。虽然护肤霜和发油被认为是可以接受的，但对化妆品的反感却几乎贯穿了整个维多利亚时期。虽然

SOME POINTERS FOR THE GENTLE SEX ONLY

Billy Burke Says It's All Right to Make Up Your Face—But Make It Look as If Nature Did It.

More than half of the letters I receive from my male correspondents say, "Please, Miss Burke, tell the girls not to use any make-up." They seem to think that if a girl is healthy she will be beautiful.

You can be healthy without being beautiful, but you cannot be beautiful without being healthy. Consequently a judicious amount of artistic beautifying is not only permissible, but necessary, if a woman would apear her best.

No man should rail against women using powder, as in every barber shop now-a-days powder is rubbed into the

比莉·伯克

出演《绿野仙踪》（*The Wizard of Oz*）中的好巫师格琳达一角而为观众所知的比莉·伯克（Billie Burke），在爱德华七世统治期间活跃在伦敦和纽约的喜剧舞台上。也正是因为她，美国人才能了解维多利亚时期和第一次世界大战期间的英国对化妆品的态度。从1912年6月到1914年1月，她曾在《芝加哥日志》（*Chicago Day Book*）上开设专栏，就女性话题畅谈己见（后期也写过讨论男性话题的文章）。她的许多专栏文章旨在为化妆品正名，其中一篇文章就是《比莉·伯克认为化妆并没有错——不过一定要化得自然》（1913年3月15日）。作为一名走在时代前端的女性，她坚决反对“化妆是一种虚伪的行为，是为了欺骗和诱惑”这样长期存在的观点。她曾给诋毁化妆品的一位男性写信，言辞严厉地表示：“男性都坚持认为女性必须是美丽的，但他们其中很多人却在谴责女性为变美做出的努力。”显然，比莉关于化妆品的专业知识和她的舞台生涯密不可分，但关键的是，她也指出舞台妆并不适合日常生活：“我收到了大量询问我是否使用粉底的来信。我当然用，每个女演员都会用……所有的女演员都是彩妆艺术家，她们也不得不成为这样的人。但是舞台灯光下的妆容和街灯下的妆容可是差了十万八千里。”

维多利亚女王把“粗俗”的化妆品和妓女联系在一起，但是一个依赖化妆品的群体的兴起却在世纪末极大地改变了这种情况——演员。到了维多利亚时期晚期，舞台剧女演员逐渐成为偶像，她们的一举一动都被媒体记录在案，个人形象被印在明信片、乐谱和剧院的节目单上。而照明技术的发展——从最初的汽灯到石灰灯，再到第一家完全使用电力照明的剧院的问世——推动了与其相配的舞台化妆艺术的发展。化妆成了演员的日常，1894年刊登在周报《画报》（*Graphic*）上的莎拉·贝恩哈特的画像就是一个例子。画像中的她端坐在梳妆台前涂脂抹粉。普通女性争相模仿女演员，而化妆品公司迅速掌握了从这种欲望中捞金的方法，开始请舞台剧女演员在广告中为自己的产品背书。梨牌香皂就曾出资请英国女演员莉莉·兰特里代言，成为一个著名的案例。备受欢迎的兰特里因为拥有百合花一样的雪白肌肤而得名“泽西百合”。维多利亚女王之子，也是于1901年登基成为国王爱德华七世的威尔士亲王，与诸多著名女演员传过绯闻，这也证实了在道德

MOTION PICTURE
CLASSIC
JULY
1927
25¢
Clara Bow
Don Reed
Senator Copeland On the Movies
and THE STORY OF INCEVILLE

混乱的世纪末社会中，女演员的地位提升到了一个新的高度。

虽然当时很多广告都是以插画形式呈现的，但和之前提及的印刷机一样，摄影技术的发展值得引起我们的注意。随着摄影技术的日益普及，化妆品也开始流行。1857年，英国摄影师亨利·佩奇·鲁滨逊（Henry Peach Robinson）在利明顿温泉镇（Leamington Spa）创立了一家摄影工作室，通过为大众拍摄照片并出售迅速取得了成功。据称，这位为顾客虚荣心而感到遗憾的摄影师曾说过："他们把五花八门的脂粉和化妆品都用上了，不把自己的脸和头发抹成哑剧中小丑的可怖翻版，他们就觉得对不起自己。"

到了20世纪初，有图片为证，女性肯定已经开始使用化妆品了，但人们还是不能接受把女性化妆的形象直接呈现在图画中。当时有很多推广脸部和皮肤产品的美容广告，但都费尽心思地不让人们眼中上色较为明显的化妆品（例如胭脂）以明确的产品形象出现。一则于1909年初刊登在*VOGUE*美国版杂志上的广告用威胁的口气宣称（言辞略显含混）："粉红脸颊。拒绝不自然的肤色。让人无法抗拒的女性魅力是什么？手册免费赠送。彰显女性魅力。"另一则广告向消费者承诺："完美液态胭脂，打造无痕裸妆。"一则辞藻极为华丽的广告这样写道：

> 真正的爱美者不会试图给纯白的百合涂上颜色或是给玫瑰喷洒香水，但即便是百合和玫瑰，也需要雨露和阳光来绽放纯洁、吐露芬芳，因此，我们凡人需要用化妆品来打造最为光彩动人的自己。

对页图：20世纪20年代的美国见证了化妆术从谨慎地轻描淡写到浓妆艳抹的巨大转变。好莱坞的崛起和克拉拉·鲍（Clara Bow）等性格独立、俏丽轻佻的新女性的妆容，使得关于化妆品的讨论和化妆品广告逐渐在主流社会涌现。

上图：粉丝杂志增进了大众对日益发展的化妆品和电影行业的了解，20世纪早期见证了这两大行业的齐头并进。

还是老掉牙的套路：人们可以使用化妆品，但是要用得不留痕迹。更进一步说，*VOGUE*美国版中的美容专栏"她的梳妆台"邀请读者用杂志附送的印有编辑部地址的预付信封给杂志社写信，索取专栏中提及的化妆品的购买地址。这件事情放到今天有点难以想象，不过一个事实可能会让你更感惊奇——就在该专栏发起这项活动的1909年，塞尔福里奇百货公司（Selfridges）在伦敦牛津街开业，成为英国首家公开展示化妆品的百货商店。

女性和战争

第一次世界大战给女性的生活带来了巨大的改变。随着男性奔赴前线，女性顶替了他们在各行各业中的岗位，不论是下地干活还是进入工厂做工，她们也由此体会到了前所未有的社会与经济独立感。这样的变化也影响到了化妆品，它们从需要偷偷摸摸使用的物品变为引以为傲的产品——成为爱国和体面的象征。第一次世界大战导致的运输管制让*VOGUE*美国版无法在英国销售，所以该杂志的英国版在1916年应运而生，不过杂志内基本只有护肤品广告。1916年，美容师赫莲娜·鲁宾斯坦（Helena Rubinstein）在一则广告中问道："你的脸是'战争脸'吗？……即便你在生活和职业中不需要保持光亮动人的脸庞，你的爱国精神正要求你这么做……"另一款护肤产品在1917年打出了"捍卫英国美人声誉"的广告词，旁边放着一张插图，画中号称可以消除双下巴这个面部缺陷的颚带看着有些可怕。

女性权利并不是一个陌生的议题。从1866年开始，为实现政治和历史变革，有组织的运动在英国兴起，1848年，首次女性权利大会在美国召开，标志着运动在美国拉开帷幕。而到了19世纪末，投票权成为女性争取平等的焦点。虽然妇女参政论者的活动为了维护国家战时的统一而暂停，但它终归是战争引发的社会变革，最终带来了立法改革。1918年，英国议会赋予30岁以上的女性投票权；10年后，议会又将女性投票的法定年龄降至21岁（和男性一样）。而在美国，女性于1920年获得了投票权。

第一次世界大战结束后的10年——所谓"喧嚣的20年代"——见证了更为巨大的改变。裙边长度和发型有了变化，与新的"轻佻女郎"（flapper）风格保持一致，女性的定义也有所不同。在30周年刊中，在对比了1892年（*VOGUE*美国版首次出版的年份）和1922年的时尚后，*VOGUE*英国版这样描述："这一代特有的怪异产物——衣着举止不受约束的轻佻女郎——短发，红唇，手夹香烟，大众情人。"除了这样的评论以外，时尚杂志里的广告依旧是老几样。值得注意的是，老几样指的不是在用的腮红、口红和眼线，而是与之前一样的面霜，除此之外还有粉底、脱毛膏、臂霜和背霜这些新的裸露潮流所需的必备利器。普遍来说，化妆品还是受到人们的指摘。1922年，*VOGUE*英国版的某期刊登了一则伊丽莎白·雅顿（Elizabeth Arden）的广告，表达了对化妆品的坚决抵制："伊丽莎白·雅顿倡导给予皮肤无微不至的关照——而非随意使用化妆品。"伊丽莎白·雅顿的对手，可畏的赫莲娜·鲁宾斯坦驳斥起化妆品来更显恶毒，她在同年的一则广告中质问："肤色该靠养护还是靠伪装？应该选哪一个？"英美两国的书籍与杂志对使用霜膏和护理术来护理皮肤和头发以抗击中年衰老的话题有大量的论述，从中也能看出"留驻青春"的重要性。我们或许认为，谈论抗衰老的评论文章只在近代的杂志中才会出现，但在1922年发表的一篇文章中，记者宝琳·费孚（Pauline Pfeiffer，欧内斯特·海明威的第二任妻子）却告诉我们事实并非如此。文章的标题是"不论你在十岁时拥有多么朝气蓬勃的脸庞，到一定年纪后都请保持警惕"。

化妆品直到20世纪末才成为主流。1929年，*VOGUE*法国版刊登了一款名为"Rouge Camelon"的口红的广告；赫莲娜·鲁宾斯坦正在*VOGUE*美国版中为"化妆品的魔力"拍手称赞，并为旗下的Cubist口红和Red Raspberry腮红做广告。（实际上，鲁宾斯坦早在1923年初就

The "War Face."

IS *yours* a "war face"? Before answering the question just glance in a mirror. Does your reflection give you *quite* the satisfaction it gave you in 1914? Perhaps time and trouble have ploughed lines where, before, the skin was smooth and taut; or the complexion is dull and unattractive; in fact, it is probable that the whole face is an index of the cares and war worries that are the lot of 99 women out of every 100 in these troublous times.

Even if your social or professional life does not demand it, your *patriotism* demands that you keep your face bright and attractive so that you radiate optimism. You should therefore call on Madame Helena Rubinstein, the renowned Face Specialist, and see about regaining your good looks. A short course of her unique treatments will work wonders for you, or there is a special half-guinea treatment which will show you exactly how to improve your skin at home.

ECONOMISE by using the Valaze Complexion Specialities—remembering that their marvellous effectiveness and concentrated nature constitute *true economy*.

No charge is made for consultations or for advice through the post, and special "war reductions" are now being allowed.

For Home Treatment:—***Valaze Beautifying Skinfood,*** *thoroughly whitens, clears, softens, and rejuvenates the skin, 2/-, 4/6, 8/6, 21/-* ***Novena Windproof Creme,*** *entirely prevents discolouration of the skin through exposure, 3/- and 6/-* ***Eau Verte,*** *whitens the skin, and remedies lines and wrinkles, 7/6 and 15/-* ***Novena Cerate,*** *a special skin-cleansing soothing cream, 2/6, 4/6, and 12/6.* ***Valaze Whitener,*** *unsurpassed for instantaneous whitening of the hands, arms, shoulders, face, and darkened throats. Will not come off until washed off, 2/6* ***Valaze Bleaching Cream*** *removes discolouration (including fur stains), and whitens the skin permanently, 5/6, 10/6* ***Valaze Reducing Jelly*** *remedies double chin and restores and preserves the contour of the face, 5/6, 10/6* ***Valaze Vein Lotion*** *remedies disfiguring "veiny" appearance of the skin, 5/6, 10/6* ***Valaze Blackhead and Open Pore Paste,*** *soon remedies these disfiguring blemishes, 3/6.*

Mme. HELENA RUBINSTEIN,
24, GRAFTON STREET, LONDON, W.
255, Rue Saint Honoré, Paris. 15, East Forty-Ninth Street, New York City.

第一次世界大战爆发以后，美容产品广告商敦促女性把美容放在更重要而非相反的位置上：即便每天面对战争的现实而疲惫不堪，也要在爱国主义责任感的驱使下保持乐观、美丽、愉快的面容。

开始在美国为旗下的腮红和口红做广告，远早于在英国开始做推广的时间；当时，她的公司在英国刊登的广告还在强烈抵制化妆品。）第一篇支持化妆品的专题文章《为腮红辩护》（*A Defense of Rouge*）直到1924年才在*VOGUE*英国版上刊登。美国社会能够在早期使用化妆品并对此抱以支持的态度，都离不开好莱坞带来的直接影响及其取得的成功，至少部分原因在此。附带口红的粉底盒或腮红盒款式多样，方便女性对妆容和服饰进行搭配。虽然这时的化妆品开始被大家正式接受，但是消费者还是能从某些广告中读出告诫的意味：丹琪（Tangee）口红在英美两国刊登的广告都在提醒消费者“化妆品是用来提升你的个性的，但不要太过夸张”。另一个口红品牌米歇尔（Michel）则向使用者保证“用Michel口红，只有美丽优雅，拒绝夸张做作”（*VOGUE*英国版，1929年12月）。其他品牌的想法更为超前：1929年，一则美宝莲（Maybelline）的睫毛膏广告引用了弥尔顿的诗句（“你热切的灵魂躺在你的双眸中”），并宣称“许多著名的舞台剧和电影演员都在使用它”。当首批口红广告终于在英国和美国出现的时候，大众对化妆品的态度和过去近千年相比已经截然不同，而记者们也正在文章里讨论哪一款化妆品和当下最新潮的配饰——古铜色的肌肤最相配。

彩色广告在当时的广告中的比例正在增加，随着图像的地位日益上升，通过广告文案来描述产品功效的难度略有降低。化妆品的购买也不再是个难题：在美国，本地药房和出售廉价小商品的店铺把彩妆推向了大众，花上十美分就能买一支口红；博姿连锁药房也让英国出现了同样的景象。需要提交书面申请来购买化妆品的日子一去不复返，博姿在1929年的*VOGUE*英国版中刊登的粉扑广告中，炫耀自己在全英拥有800多家门店；丹琪口红被描述为“随处有售”。

负面广告

从20世纪初开始，就算还没到信口威胁的程度，美妆广告也通常带着一丝斥责的语气，利用女性的不安全感来向她们出售商品。1909年刊登在*VOGUE*美国版上的一则广告宣称：“面纱掩面还是真面目示人？这是一个问题。你拥有傲

GUERLAIN

上图：封面上印有前卫化妆造型的时尚杂志推动了化妆品在主流社会的迅速发展。

对页图：20 世纪 20 年代晚期，彩色平面广告开始出现，为化妆品牌出售口红等颜色醒目的产品提供了极大的便利。

Would your husband marry you again?

FORTUNATE is the woman who can answer "Yes." But many a woman, if she is honest with herself, is forced to be in doubt—after that she pays stricter attention to her personal attractions.

A radiant skin, glowing and healthy, is more than a "sign" of youth. It *is* youth. And any woman can enjoy it.

Beauty's basis

is pure, mild, soothing soap. Never go to sleep without using it. Women should never overlook this all-important fact. The basis of beauty is a thoroughly clean skin. And the only way to it is soap.

There is no harm in cosmetics, or in powder or rouge, if you frequently remove them. Never leave them on overnight.

The skin contains countless glands and pores. These clog with oil, with dirt, with perspiration—with refuse from within and without.

The first requirement is to cleanse those pores. And soap alone can do that.

A costly mistake

Harsh, irritating soaps have led many women to omit soap. That is a costly mistake. A healthy, rosy, clear, smooth skin is a clean skin, first of all.

There is no need for irritating soap. Palmolive soothes and softens while it cleans. It contains palm and olive oils.

Force the lather into the pores by a gentle massage. Every touch is balmy. Then all the foreign matter comes out in the rinsing.

If your skin is very dry, use cold cream before and after washing.

No medicaments

Palmolive is just a soothing, cleansing soap. Its blandness comes through blending palm and olive oils. Nothing since the world began has proved so suitable for delicate complexions.

All its beneficial effects come through gentle, thorough cleaning. There are no medicaments. No drugs can do what Nature does when you aid her with this scientific Palmolive cleansing.

Millions of women get their envied complexions through the use of Palmolive soap.

The Palmolive Company, Milwaukee, U. S. A. The Palmolive Company of Canada, Limited, Toronto, Ont.

Palm and olive oils were royal cosmetics in the days of ancient Egypt

Volume and efficiency enable us to sell Palmolive for

10c

人肤色吗？当然，没有哪个女孩不需要面纱，只不过有些人永远不敢摘下她们的面纱。”该杂志在1922年11月刊的编辑专栏一再强调“你要为自己的美貌负责”的观点（当然，除非你“的确是被毁容了”）：“女性对化妆品或多或少都有点兴趣，虽然现代女性知道跟特洛伊的海伦（Helen of Troy）的美貌相比，所有女性都将黯然失色，但任何一个未被毁容的女性都有理由相信，只要护理方法正确，她都能收获干净无瑕的肌肤，极大地改善牙齿和双手的外观。”1923年，赫莲娜·鲁宾斯坦旗下各式肌肤年轻态护理产品的一则广告言辞尤为苛刻：“‘相貌’通常决定了有些女人可以前呼后拥去聚会，而其他女人只能‘待在家里’”。

恐吓式营销被广告商们当作让女性购买产品的不二法则。化妆品被和“魅力”画上了等号，背后的理念是你做的努力越多，就会变得越美；如果你自暴自弃，那么也就怪不得别人。1929年，伊丽莎白·雅顿的一则广告顶着这样一个标题：“有些丈夫值得留在身边……仅靠美丽的脸庞或许可以嫁给如意郎君，但眼下的竞争意味着要抓住丈夫的心，你要做的努力远不止于此。”棕榄公司（Palmolive）在1921年的广告里发问：“如果婚姻重来一次，你的丈夫还会选择你吗？”从该公司之后（1932年）的另一则广告中可以看出，他们的销售方式略有长进：“我从一位美容专家那里知道了如何留住丈夫的心以及如此多女性都失败了的原因……留住你少女时代的那张脸。”值得庆幸的是，这类充斥着性别歧视的美容产品广告在20世纪50年代达到高潮，此后随着在20世纪60至70年代席卷西方社会的第二次女性主义浪潮逐渐衰落——虽然很多人认为直到今日，美容产品广告依旧以居高临下的姿态对待女性。

好莱坞诞生记

从1894年到1929年，默片产业的出现和繁荣极大地影响了化妆品的发展，这种影响力一直延续至今。默片的观众听不到演员说话的声音，意味着通过强调面部特征来帮助表达多样的情绪变得更为关键，但是默片和剧院使用的化妆品在最初并无差异。化妆品不仅被用来为女演员的表演增色，化妆的风格和化妆品的种类也是向观众透露演员角色特征的信号——例如“寻欢作乐的轻佻俏女郎”（克拉拉·鲍）的经典细弯眉和“妖妇”（蒂达·巴拉）近乎黑色的嘴唇和烟熏眼妆。

回忆起这段时期时，我们会问的第一个问题或许是：从什么时候开始，女演员们不仅被当作化妆品方面的专家——这是因为化妆品是女演员每天工作中不可或缺的伙伴；此外她们也能在第一时间试用最新产品——还成了普通女性能够模仿其妆容和穿搭的独立个体呢？

想要回答这个问题，我们首先需要认识到，和今天一样，电影爱好者们首先要对明星产生认同感，当然，这种认同感可能是基于明星扮演的

带有过度消极、性歧视和居高临下意味的美容产品广告于 20 世纪 20 年代出现，并延续至 20 世纪 60 年代。这类让女性产生不安全感并利用这种不安全感的广告随着 60 年代女性主义第二次浪潮席卷西方社会而逐渐消失，但有很多人认为今天它依然存在（以更不明显的方式呈现）。

The NEWS MAGAZINE of the SCREEN

PHOTOPLAY

DECEMBER

25 CENTS
30 Cents in Canada

How Madge Evans Grew To Stardom

JEAN HARLOW
SEE PAGE 34

Latest Beauty Fads of Hollywood Stars

珍·哈露（Jean Harlow）的《电影》杂志封面照（1931 年 12 月刊）和梦露的《影迷》（*Moviegoer*）杂志封面照（1956 年 10 月 7 日刊）。粉丝杂志让为明星进行推广变得更加容易，也让粉丝能够模仿最喜爱的明星的妆容与穿搭。

PHOTOPLAY'S

Hollywood Beauty Shop

Conducted By Carolyn Van Wyck

All the beauty tricks of all the stars brought to you each month

HIGH, narrow and very arched are Jean's eyebrows. She uses a finely pointed eyebrow pencil. The high brow enlarges the eye, gives clarity, an appealing quality.

JEAN uses a true red cream rouge for her lips, blending the line perfectly and carrying the color well inside to prevent a break in tone. Those very long lashes are black.

SKIN-TONE powder is then puffed lightly but thoroughly over Jean's face and neck, with special attention to nostrils, eye corners and chin. And, always brush from brows.

JEAN HARLOW is representative of an extreme, exotic type of beauty. Her platinum hair set a world-wide vogue. Her half-moon brows accent her pastel coloring. Make-up is concentrated at eyes and mouth. She depends upon good health, fresh air, exercise, cream, soap and water, followed by an ice water rinse, for her perfect skin. Note her lashes. They are naturally long.

JEAN'S platinum halo has probably aroused more comment and curiosity than any one feature of any star. Naturally blonde, Jean encourages whiteness by weekly shampoos with white soap and a final rinse containing a few drops of French bluing. She brushes for softness, sets her wave with water and vinegar.

54

55

上图：随着粉丝们试图模仿明星的妆容与穿搭，化妆品牌也尝试着把产品从好莱坞带向主流社会，由女演员演示的简短化妆教程成为杂志和化妆品广告中的常客，上图就是珍·哈露在《电影》杂志（1933 年 5 月刊）中所做的展示。

对页图：电视让化妆品牌以前所未有的方式把产品直接展示并销售给数百万观众，也让广告商能够通过讲述品牌故事、描述产品功效而让化妆品贴近真实女性的生活。即便广告只能在黑白电视机上播放，但也令不少彩妆，如露华浓（Revlon）的“火与冰”（Fire and Ice）口红和指甲油等都销量惊人。

角色及其个性而产生的，但会逐渐发展成为对明星风格和美貌的关注。为了解20世纪30年代的好莱坞在日常生活中扮演的角色，历史学家安妮特·库恩（Annette Kuhn）曾采访过众多女性，她注意到“对这一代女性而言，电影拓展了她们对女性角色的想象”。电影杂志和粉丝杂志为粉丝们打开了电影院之外的电影世界，其中刊登的化妆品推荐和代言也让它们成为第一批促成“模仿明星妆容穿搭”现象的刊物，而特别刊载的专栏也激发了女性模仿时下女演员穿搭的欲望。以月刊形式创刊，而后变为周刊的《影迷》杂志（1921—1960）最初主要关注电影的故事情节，但是杂志很快发现了更加吸金的内容——电影演员们的相关信息，而在之后主要刊登这方面的内容。20世纪30年代，杂志中名为“安妮帮帮忙”的专栏，主要面对的就是那些想要模仿最爱的电影明星的读者。

美国首批电影粉丝杂志之一的《电影》从

for you who love to flirt with fire...

who dare to skate on thin ice...

Revlon's 'Fire and Ice'

for lips and matching fingertips. A lush-and-passionate scarlet ...like flaming diamonds dancing on the moon!

Revlon
"FIRE AND ICE"

'Fire and Ice'
Revlon

你不是也想知道好莱坞化妆术的秘密吗？

——蜜丝佛陀（Max Factor）广告，1934 年

1932年4月开始刊登“《电影》杂志的好莱坞美容院”专栏，这个由卡罗琳·范·怀克（Carolyn Van Wyck）执笔的栏目还有一个副标题：“每月为您带去明星的美容小窍门”。和之前关注明星时尚、模仿明星穿搭的内容不同（超过了很多读者的经济承受能力），“好莱坞美容院”将内容限定在模仿明星的发型和妆容上，这两项相对而言花费更低。令人惊叹的珍·哈露美妆教程就是一个极佳的例子，教程中有对她容貌的描述（珍的双眉高而细，呈拱形）和对她的美貌的赞誉（位置较高的眉毛有放大双眼的作用，让面部特征更为清晰，成为吸引人的特点），并通过描述和照片来向读者展示如何模仿她的妆容，这和如今杂志和视频中的教程颇为相似。

《电影》杂志或许对自己引领的潮流心怀警惕，杂志在三年之后提醒女性不要完全照搬明星的妆容穿搭：“做你自己！的确，你和珍·哈露的风格类似——但这并不等于你一定要把自己塑造成她的复制版。”到1937年，卡罗琳·范·怀克清晰地阐述了好莱坞和美容之间联系之紧密，她写道：“只要一张票，任何一位女性都可以走进好莱坞开办的免费美容学校——绝大多数人也正是这样做的。”

《电影》杂志同样刊登了诸多谈论“类型”的文章，把名人的形象当作造型的模板。《不同类型适用的眼妆风格》（*Eye Makeup Styles for Types*）探讨了如何使用睫毛膏，而《知名眉形》（*Famous Eyebrows*）能为你找到最适合你脸型的眉形。在描述德裔女演员玛琳·黛德丽（Marlene Dietrich）和哈露的细眉毛的时候，这篇文章写道：“美妆趋势通常从好莱坞发源，而后横扫全美国。”在一篇1937年的文章中，范·怀克放弃了照搬某个明星全套穿搭的做法，而是模仿其单独的某些特点，将不同明星的特点进行混搭，以创造姣好的面容：克劳黛·考尔白（Claudette Colbert）的嘴唇、琼·克劳馥（Joan Crawford）的眉毛和洛丽泰·扬（Loretta Yong）的双眸。

除了教读者如何模仿明星妆容和穿搭的专栏之外，杂志中刊登的广告也给“扮成女演员”的概念点了一把火，这其中数拥有纯正好莱坞血统的蜜丝佛陀广告最多，该品牌在文案中抛出充满

诱惑力的问题——“你不是也想知道好莱坞化妆术的秘密吗”，所使用的形象宣传的不仅仅是旗下的美妆产品，还有购买该品牌的产品就可以变身成为明星的观念。蜜丝佛陀在20世纪30年代初还在广告中采用普通女性上妆的画面，但在1933年到1937年间，蜜丝佛陀的绝大多数广告套用了最保险的模式：一幅明星正在化妆的画面或是三幅明星使用不同产品的画面。这类广告通常由珍·哈露、贝蒂·戴维斯（Bette Davis）和奥利维娅·德·哈维兰（Olivia de Havilland）等受观众欢迎的著名女演员出演，风格与《电影》杂志中美容专栏里的评论文章极其相似——唯一的真正区别在于前者可以被用来做大量的广告植入。比起暗示“使用明星同款化妆品会让你也拥有明星般光彩和魅力”的广告画面，配合画面出现的文字更加直截了当，1934年的一则广告就透露哈露“魅力的秘密”就藏在她使用的化妆品中。其中的道理显而易见，如果明星——读者倾慕并认同的某位明星——向读者展示了最适合他们的风格的化妆品（同时也是女明星正在使用的化妆品），那么读者也会想拥有这一款产品。

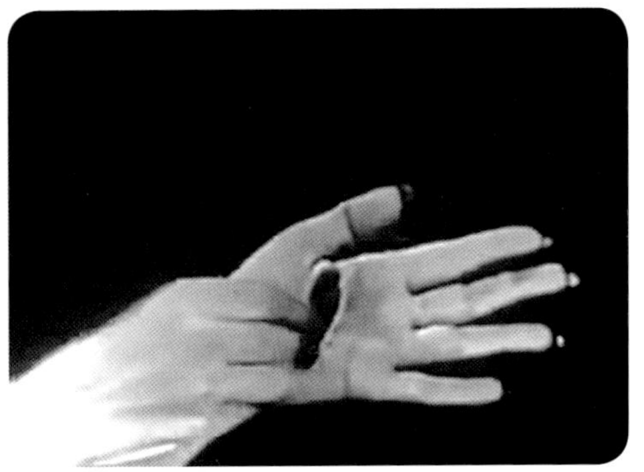

哈塞尔·毕晓普（Hazel Bishop）发明了第一支真正长效持色的口红，在20世纪50年代的电视上做的广告铺天盖地。

电视屏幕

第二次世界大战后的数十年见证了西方社会的日益富裕，西欧、美国和日本的生活水平迅速提高，消费社会繁荣发展。除了带动化妆品的创新之外，电视机的问世（1941年在美国出现，1936年在英国出现）也为美容产品的广告提供了一个令人兴奋的全新平台，把新产品直接介绍给了百万家庭。美容产业在全球市场的增长速度超过了总收入的增长速度。

电视让化妆品牌以前所未有的方式把产品直接展示并销售给数百万的观众，也让广告商能够通过讲述品牌故事、描述产品功效来让化妆品更加贴近真实女性的生活。

蒂达·巴拉

美国第一代影星之一的蒂达·巴拉，完全是电影公司的宣传部门包装出的明星，这一点颇为独特，而她出演的电影的投资回报率超过同时代的任何一位女演员，成为当时非常有趣的现象。传说，西奥多西娅·古德曼（Theodosia Goodman）1915年参加了一次试镜，在没有任何表演经验的情况下被选中，随后名字也被改为“蒂达·巴拉”，电影大亨、20世纪福克斯电影公司的创始人威廉·福克斯（William Fox）告诉作家厄普顿·辛克莱（Upton Sinclair）这个新名字的来历：“一天，我们的宣传部门发现我们拍摄过各种类型的女性，唯独缺一位阿拉伯女性。宣传总监构思了一个出生于阿拉伯国家的古德曼小姐的故事……所以我们挑出了‘Arab’这个单词，颠倒拼写顺序变成‘Bara’，再把她的名字从‘Theodosia’缩短成‘Theda’。”

据说正是巴拉自己想出了给自己宣传造势的点子：当公司询问她的出生地时，据称，她是这样回答的：“要是说我出生在辛辛那提，不就没什么意思了吗？如果我们说撒哈拉沙漠呢？”所以在第一次媒体见面会上，为了维持“巴拉不能说也听不懂英语”的骗局，她被告诫不能开口说话。公司赢下了这场赌局，第二天，所有的报纸都在宣布福克斯发掘出了有史以来最伟大的女演员。

菲利普·伯恩-琼斯（Philip Burne-Jones）于1897年创作而成的画作《吸血鬼》（*The Vampire*）描绘了一个皮肤苍白、眼圈发黑的女性，脚边躺着一位男性受害者。这幅作品和拉迪亚德·吉卜林（Rudyard Kipling）的诗歌（受画作启发创作）以及布拉姆·斯托克（Bram Stroker）同年出版的小说《德古拉》（*Dracula*）一道，把吸血鬼介绍给了大众，也带动了女性吸血鬼——或称“毒妇”（vamp）——的流行：她们让人无法抗拒，却能致人于死地，她们冷酷无情地享用男人的爱情后再终结他的生命。好莱坞采用的这类角色，成为悲剧电影中蛇蝎美人形象的先驱。从这个时期开始，电影行业开始设计特点相对鲜明的女性角色，通常来说有两种类型：毒妇和轻佻女郎，而默片时代的观众可以通过发型和妆容来判断角色类型。

巴拉的脸将毒妇的气质表现得淋漓尽致：多情又性感，双眼描着黑色眼线，眼睑上涂着厚重的眼影，这样的外形让她迅速走红。当时的电影化妆部门正在着手解决对蓝光极其敏感的早期黑白正色性胶片对化妆提出的挑战，这种胶片把巴拉的眼神拍得苍白空洞。据说巴拉邀请赫莲娜·鲁宾斯坦为她定制了一款特殊的浓黑眼线，让影片中的她眼睛更加有神。鲁宾斯坦后来评价道：“效果简直惊人……引发了轰动，所有的报纸杂志都争相报道。”巴拉的外形和女性气质太过夸张，出演电影的情节也颇为离奇古怪，这让她不会对传统的道德观念和普通女性产生威胁，而大众对化妆品的接受在很大程度上要归功于她在女性影迷中的人气。巴拉自己也通过观察发现：“我扮演的毒妇代表了女性对剥削者的报复。我虽然长着一张妖艳的脸，但拥有一颗女权主义的心。”

克拉拉·鲍

和默片时代的诸多影星一样，克拉拉·鲍的成名之路并不平坦。1905出生的克拉拉降生在纽约布鲁克林区一处廉价公寓中，是在默片的伴随下成长起来的第一代人。她不顾患有精神疾病的母亲的反对，立志要成为电影明星。鲍的母亲不愿意自己的女儿从事演戏这个不入流的行当，试图用菜刀割开她的喉咙。她在赢得某爱好者杂志举办的明星选秀比赛之后时来运转，银幕上的青春活力和对情感的充分表达迅速为她赢得了赞赏之声，并让她成为派拉蒙电影公司最受欢迎的明星，她一周内收到的粉丝来信超过8000封。1927年的电影《它》（*It*）中那个和雇主坠入爱河的女店员是鲍扮演过的最著名的角色，而“它女郎”（或称“时髦女郎”）最初就是为她而创的称号。

鲍的成名之路是美国20世纪20年代的象征，但据她的传记作家大卫·斯滕（David Stenn）说，她的星途并非一直如此顺遂。出演第一部电影《彩虹之上》（*Beyond the Rainbow*）的时候，她除了向姨母借钱购买戏服之外，还需要自己化妆。其他女演员冷眼旁观，冷冰冰地让她自己去摸索。当鲍出现在拍摄现场的时候，导演克里斯蒂·卡本纳（Christy Cabanne）满是厌恶地骂她：“活脱脱像一个小丑！”

鲍的形象对她日后的成功至关重要。活力四射的中性形象是她个性的真实写照，同时也受到了男性和女性观众的追捧。她妆面中的几个特点——比如细长、偏低、向下倾斜的眉毛，樱桃小嘴，丘比特弓状的丰腴上唇和描着黑眼线的大眼——都成了新女性的典型特征。

虽然在好莱坞，无拘无束的摩登女和荡妇都代表了正在发生的改变，但是前者的危险性更小。朱迪思·麦克里尔（Judith Mackrell）在《轻佻俏女郎》（*Flapper*）一书中写道，女性开始吸烟、选择自己的性伴侣、赚钱养活自己、穿短裙和剪短发。女性在为人妻、为人母之外开始要求生活的权利，这是西方历史上的头一遭。

与众不同的红色头发同样让鲍出名，一部名为《红发》（*Red Hair*）的电影让观众能够一睹她秀发的魅力。为了拍摄这部电影，鲍把头发漂白后再用散沫花染剂染红，让发色比原先更红。电影片头用革命性的早期彩色印片法拍摄而成，效果令人赞叹，让观众能够实际感受到红发的夺目光彩，也让散沫花染剂的销量飙升。遗憾的是，这部电影的底片已经不复存在。鲍和其他的女演员一样，出现在化妆品（她曾出现在蜜丝佛陀大众系列化妆品广告中）、粉底类和香水等各种美容产品的广告里。从F. 司各特·菲茨杰拉德（F. Scott Fitzgerald）在《伟大的盖茨比》（*The Great Gatsby*）中对摩登女郎凯瑟琳这一人物的描述中可以看出鲍对当时流行文化的影响：“一个苗条的物质女郎……涂着发胶的浓密红色短发，用粉底抹出的白皙肤色。眉毛被拔掉后又重新画过，更显潇洒调皮。”鲍有一种

无忧无虑的特有魅力。在导演比利·怀尔德（Billy Wilder）看来，鲍有一种让你觉得她仿佛拥有“肉体冲击力”的特质，只有她——以及后来的玛丽莲·梦露——才能完美地体现这一点。

虽然一开始化妆技术欠佳，后来的鲍成了自己的形象大师，甚至能够为殡仪馆化妆师提供非常精准的指导。她化妆时需要“赫莲娜·鲁宾斯坦的茶褐色提色腮红、棕色的眉笔、眼影和假睫毛，嘴唇用最讨喜的红色，让原先的唇形更加饱满”。她还会提供几张电影里的剧照作为参考。

约瑟芬·贝克

作为民权运动家、舞者、歌手和演员，约瑟芬·贝克（Josephine Baker）是爵士时代独一无二的代表。1906 年出生于美国密苏里州圣路易斯的贝克很早就开始工作，在逃离家乡之前通过做服务员和清扫工来养家糊口。

青年时期的贝克随着舞团在美国巡回演出，舞团解散后她设法加入了歌舞团（虽然最初因为样貌不合适而遭拒），在学习常规剧目之外还要充当化妆师，并顶替生病的舞蹈演员上台。

最终，贝克受雇在欧洲巡回综艺秀《黑人杂志》（*La Revue Negre*）中表演，该节目于 1925 年在香榭丽舍剧院首次上演。1914 年金本位制度崩溃之后，美元对法郎的高汇率让大批美国艺术家和作家涌入巴黎。贝克光亮顺垂的波波头、烟熏眼妆和深色口红，活脱脱就是一个现代的轻佻女郎。她身着让人春心荡漾的皮裙为观众带去的表演取得了巨大的成功，瞬间引发轰动。她之后在法国定居，并于 1927 年加入知名夜总会女神游乐厅（Folies Bergère），出演春季大秀的新节目（演出服装是缀满香蕉的裙子），获得了更高的知名度。

贝克在美国无人喝彩的深肤色却在巴黎饱受推崇，美容护肤相关的活动和产品代言接踵而至。她出现在巴黎全城的广告牌上，为一款名叫 Baker-Fix 的润发油做广告，赫莲娜·鲁宾斯坦（绝对不让任何一个机会溜走的人）向消费者保证，她的 Valaz 睡莲润体乳将为你带去"约瑟芬·贝克一般的身体"。从香奈儿处兴起的美黑风潮也深得贝克的喜爱，她曾担任香奈儿 Riviera 化妆品套装的海报女郎。欧内斯特·海明威形容她是"有史以来最能引发轰动的女性"。所有人都设法从贝克的风格中捞上一笔：美容编辑写了一篇又一篇专栏文章指导读者如何拥有她那小麦色的肌肤，建议白人女性在脸部和四肢抹上核桃油，获得如同贝克皮肤般的光泽。

贝克对化妆品（或是质量上乘的服装）并不陌生，她在 1929 年的欧洲和南美之旅中随身携带了约 62 千克的粉底。

除了法国人民的认可和众所周知的自由言论，贝克还不断推广美白肌肤的产品，她用柠檬汁涂抹皮肤，在山羊奶和漂白溶剂的混合液中沐浴。旅行和巡演不断的贝克仍然定居法国，并把后半生奉献给了人权事业。

在第二次世界大战中，贝克以卧底的身份为法国的抵抗做出了贡献。贝克去世时在法国下葬，成为首位接受军人葬礼的美国女性，法国人以此表达对她为第二故乡做出贡献的无限尊敬。

黄柳霜

出生在美国洛杉矶唐人街郊区的好莱坞首位美籍华人影星黄柳霜（Anna May Wong），被在唐人街取景拍摄的电影深深吸引——当时许多电影制片公司都在唐人街拍摄有中国背景的影片。14 岁的她因为在这样的一部电影中跑了龙套，而从此踏上演艺之路，并在此后的几年中在各种电影里扮演小角色。1921 年，黄柳霜从学校毕业后成为职业演员，她拥有标志性的齐刘海和光亮秀发（毫无疑问这来源于她的华裔血统，虽然她是美国人），扮演的多为妖艳角色。美国当时施行的反异族通婚的法律禁止了不同种族间的交往，这也意味着只有在男主角是亚裔的前提下，黄柳霜才能出演女主角（即便主角是亚洲人，摄制组也会让白人演员化妆成东方人后出演）。身在好莱坞的黄柳霜因为种族歧视而倍感沮丧，她能拿到的角色通常只是反派，所以当 1928 年机会来临的时候，她便迫不及待地搬去了欧洲。

黄柳霜在欧洲的生活和演艺工作相较美国都更加自由独立，她受到了欧洲人民的欢迎，还引发了使用粉底来实现和她一样的完美肤色的风潮。1931 年，黄柳霜重返好莱坞，和玛琳 · 黛德丽联袂出演电影《上海快车》（*Shanghai Express*）。但当米高梅电影公司次年为一部名为“The Son-Daughter”的影片的女主角 Lien Wha 选演员时，却以“黄柳霜太过中国化”的理由让该角色花落别家。据说，当时当地的种族歧视让本应该大红大紫的黄柳霜一直无法迎来事业的高峰，但这丝毫不影响她作为先驱的传奇地位。她对彩妆界也产生了持续性的影响，美国时尚设计师安娜 · 苏（Anna Sui）2014 年秋冬大秀里妆容和发型的灵感就来源于黄柳霜。①

①黄柳霜传记《黄柳霜：从洗衣工女儿到好莱坞传奇》已由后浪引进出版。——编者注

葛丽泰·嘉宝

原名葛丽泰·格斯塔夫松（Greta Gustafsson）的嘉宝（Greta Garbo）1905年出生于瑞典斯德哥尔摩，对剧院着迷的她据说常常在周围游荡，看着演员们进进出出。离开学校后，她进入百货商场工作，同时为商场担任帽子模特，这成为她全职模特生涯和日后商业工作的开端。嘉宝获得奖学金进入皇家戏剧剧院培训学校学习，在校期间被瑞典导演，也是她日后的导师莫里兹·斯蒂勒（Mauritz Stiller）发掘。路易·B. 梅耶（Louis B. Mayer）在观看过两人合作的电影《哥斯塔·柏林的故事》（*The Saga of Gosta Berling*）后，将他们双双签入米高梅电影制作公司。

签约之后的嘉宝于1925年搬到好莱坞，在公司的要求之下减重、矫正牙齿，并把头发向后梳起以展示面部结构。除了完美的脸庞，嘉宝最引人注目的特征是她的双眸，这也是她悉心妆饰的部位：在眼睑上涂薄薄的一层凡士林，再覆盖上中性粉底，用深色眼影填入眼窝后，再用石油和木炭制成的材料描上眼线。这种妆容在当时颇为简洁硬朗，影响了后来几年的化妆趋势，比如20世纪60年代线条感较强的妆容。嘉宝在银幕上著名的“发光肌”应该归功于蜜丝佛陀的轻薄隔离 Silver Stone No.2，这款隔离因为含有银色光泽、能打造出微微发亮的妆感而在电影演员中颇受欢迎。在没有电影拍摄工作的时候，据说她只是“略施薄粉，淡淡的口红配上柳叶细眉”。

搭配上她的语音语调，嘉宝的风格体现了异域女性精致而理想的形象，对20世纪30年代的女性形象产生了巨大影响。《名利场》（*Vanity Fair*）杂志于1932年通过一篇题为《嘉宝来临》（*Then Came Garbo*）的专题文章展示出嘉宝的形象对同龄人和观众产生的影响，文章引用塞西尔·比顿（Cecil Beaton）的话说：“在嘉宝之前，女人的脸非粉即白；但是嘉宝使用的化妆品简单、含蓄，彻底改变了时尚女性的妆容。”

与20世纪20年代风靡一时的某些化妆风格不同，葛丽泰·嘉宝时尚又精致的妆容魅力依旧。1950年，也就是嘉宝息影并消失在大众视野中的9年之后，《吉尼斯世界纪录大全》（*The Guinness Book of World Records*）把嘉宝选为世界上最美的女人。毫无疑问，她的脸有催眠的效果：罗兰·巴特（Roland Barthes）曾用“嘉宝依然属于电影中用一张面孔让观众坠入狂喜深渊的那个时刻，让人迷上她的倩影而忘我的那个瞬间”来做总结。

第5章

彩妆先锋

前瞻者与百花齐放

当时间来到19世纪末，化妆界逐渐涌现出一批灵魂人物，他们也是创造如今我们所熟知的现代化妆品产业的先驱。他们身上有许多相同的特质，他们占尽了天时地利（并拥有判断天时地利的智慧），这造就了他们日后的成功。毫无疑问，他们绝不会放过任何一个机会。令人惊奇的是，即便历经两次世界大战和经济大萧条，化妆品产业也从未停止发展和繁荣的脚步。女性们在第一次世界大战期间尝到了自己赚钱的甜头，自然不想再走回老路上，这一点不难理解。第一次手里有了可支配收入的她们，对成为平价奢侈品且日益普及的化妆品的欲望永无止境。享受着民主权利的年轻女性通过化妆来表现自我，把自己和对化妆品嗤之以鼻的母辈、祖母辈区分开来。突然间，她们可以通过化妆品来模仿银幕上的偶像了，于是她们乐此不疲。

20 世纪初期见证了一批企业家的出现。他们在与好莱坞和美容沙龙行业进行合作的同时，逐步向新兴的独立女性提供化妆品，就在这个过程中创造出了我们如今熟知的规模巨大的彩妆产业。

推动化妆品产业增长的另一个重要因素是地理位置。虽然此前化妆品的商业化生产主要兴起于欧洲，但随着第二次世界大战的结束，美国当之无愧地成为化妆品的主要生产国。截至1945年，美国化妆品的销售额达到了令人咋舌的8.05亿美元。好莱坞的出现和发展是其中的部分原因，但战争才是其中的主要因素。战时的欧洲化妆品公司生产足部滑石粉和伪装油彩，忙不迭地应对战时所需，资源储备普遍偏低，虽然美国公司也会生产部分战时用品，但它们借此机会赶超了欧洲的同行。1914年，赫莲娜·鲁宾斯坦把业务扩展到美国，而伊丽莎白·雅顿也开始拓展业务，进口欧洲彩妆回国销售。乔治·韦斯特摩尔（George Westmore）和蜜丝佛陀完美选址洛杉矶，又恰逢好莱坞迅速崛起之初。不久后，查尔斯·雷夫森（Charles Revson）与雅诗兰黛（Estee Lauder）察觉到即将到来的改变——对前者而言是还未开发的指甲油市场和电视广告的可能性，对后者而言是创新营销的重要性和成为科技美容品牌的空间（说句公道话，赫莲娜·鲁宾斯坦在此之前已经认识到了这一点）。

拥有预见未来和把握天时地利的神奇能力并不是早期的美容业先驱们唯一的相似点。他们大都出身贫寒，为了成功只能自力更生，单枪匹马，竭尽全力，艰苦奋斗。他们梦想着改变自己的命运，为免受个人背景的拖累，或是改名换姓，或是编造出骄人的身世背景，让其自传的读者很难分清真伪。他们是了不起的市场营销专家，创造出了有关彩妆的幻想，以及编织并出售美梦的营销概念。

好莱坞的鼎盛时期

乔治·韦斯特摩尔与韦斯特摩尔家族

说好莱坞是现代化妆品产业的起源并不夸张——而在过去，韦斯特摩尔家族就是化妆品产业的同义词。在好莱坞的黄金时期，派拉蒙、环球、华纳兄弟、雷电华（RKO）、20世纪福克斯、塞利格（Selig）、鹰狮（Eagle-Lion）、第一国家（First National）等数十家电影公司的化妆部门的主管名单上，时不时能够看到韦斯特摩尔家族成员的名字。

然而比起好莱坞山的耀眼夺目，韦斯特摩尔家族的背景就黯然失色了。1879年，乔治·韦斯特摩尔出生在大不列颠的怀特岛。他烤过面包，给人剪过头发，还曾在英国军队里服役过一段时间，被判定为“身体情况不适合服役”后才开起了自己的美发沙龙。生意的成功和——或许更重要的是——天生对旅游的酷爱让他先去到英国的坎特伯雷，然后去了加拿大，最后在美国落脚。1913年移居克利夫兰后，他不单做美发生意，也开始给女性化妆。在当时，妓女是除女演员外唯一会化妆的女性群体，给妓女化妆就成了他训练化妆技术的全部方式。每天下班后，他都会带着胭脂罐去到妓院，在妓女的乳头、脚踝、臀部、大腿后侧和面部涂抹。他也开始训练年幼的儿子们制作假发的手艺。

乔治爱去电影院观看查理·卓别林（Charlie Chaplin）、玛丽·皮克福德（Mary Pickford）、莉莲·吉什（Lilian Gish）等当时著名影星的作品，但是他注意到演员佩戴的假发质量低劣，电影专用化妆品的效果也滑稽可笑（演员们化妆仍然亲力亲为，当时他们还没有掌握适合电影拍摄的影视化妆技巧，从妆面效果来说，仿佛面对的

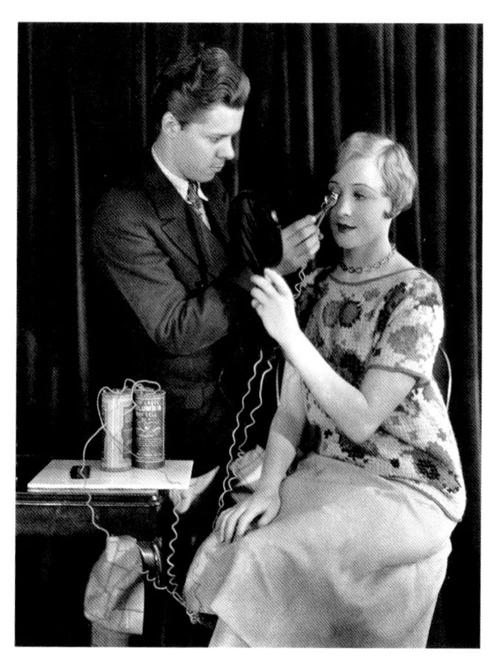

当韦斯特摩尔于1917年创立首个电影化妆部门时，他创建了一个王朝，也开创了好莱坞化妆界的先河。1935，沙龙“韦斯特摩尔之家”正式营业，韦斯特摩尔兄弟们开始销售自主品牌旗下供沙龙和消费者使用的化妆品。

是电影院最后一排的观众，而不是几米开外的摄影机）。他们的化妆品不仅看起来颇为业余，也毫无统一性可言，这也就意味着演员们在连续的场景中妆容前后不一。

在知道羽翼未丰的电影行业迫切需要他的技能后，乔治决定进军好莱坞。他开始经营一家名叫“恺撒庄园”的美发沙龙，以“电影公司需要现场化妆部门”为由说服了塞利格制片公司。1917年，乔治创立了有史以来电影公司的第一个化妆部门，在沙龙里干完一天的活后，他就来到化妆部门，从早上5点干到8点。一天，女演员比莉·伯克走进了沙龙，乔治注意到她的头发并不茂密，就承诺给她制作一顶假发。他连夜赶工，第二天就将定制的透气假发摆在她面前，速度之快令人震惊。他同时也借此机会告诉比莉，她的妆容有待提高。乔治完成了比莉的新造型后，总觉得眼睛的部分不尽如人意。于是他从假

永恒的遗产

虽然蜜丝佛陀全球闻名（的确实至名归），但是绝大多数女性并不了解韦斯特摩尔家族在改变女性从眉毛、嘴唇到发型等外形偏好方面的影响力。偶像级的电影明星们在各自的职业生涯中，都曾在韦斯特摩尔家族的化妆椅上落座，而塞西尔·B. 德米尔（Cecil B. DeMille）的每一部电影都少不了该家族成员的加盟。乔治之子弗兰克·韦斯特摩尔（Frank Westmore）在自传中这样写道，自己的兄弟“埃尔恩（Ern）在与贝蒂·戴维斯合作时摆弄了几下唇刷，就改变了全球百万名女性的唇形”。玫瑰花蕾般的唇形受到克拉拉·鲍和当时其他大多数女演员的青睐，但在埃尔恩看来并不适合贝蒂，他另辟蹊径，给贝蒂设计了一个全新的唇形。贝蒂事后端详镜子里的自己时感叹道：“我向来不认为自己有闭月羞花之色，最好看的部位也就是这双大眼睛了。埃尔恩设计的唇妆让眼睛更具魅力，也让我的五官更加协调，我开始觉得自己也是相当美丽的。”贝蒂曾说韦斯特摩尔兄弟成就了她的全部事业。如今，为你带来启发的某个彩妆趋势很可能就根植于韦斯特摩尔家族某个成员最初创造的风格中。

发后部剪下少许碎发，把它们一根一根地黏在睫毛上——这或许是个人睫毛嫁接的最早案例。

至此为止，电影行业开始真正起飞。乔治和另一位假发商路易斯意识到好莱坞需要大量的化妆品，不过“谁真正了解化妆品”成了他们心底的疑问。答案当然是演员们——不了解化妆品，他们连电影都没得拍！乔治和路易斯召集了近15个演员，成立了一个名叫“电影化妆师协会”的小型组织，也许听起来有些不可思议：好莱坞化妆行业的创立，靠的就是这两个假发商和一小群演员。

1923年，乔治之子佩克（Perc）成为韦斯特摩尔家族中为电影公司成立化妆部门的第二人（第一国家电影公司，即后来的华纳兄弟）。他所有的儿子——蒙特（Mont）、埃尔恩、沃利（Wally）、巴德（Bud）和弗兰克都相继加入了这个行当。

1935年4月，他们成立了韦斯特摩尔之家——“好莱坞乃至全球的魅力焦点”。佩克和埃尔恩受蜜丝佛陀之邀，利用业余时间开发出用两人名字命名的“Percern”假发，成为首款利用父亲乔治开发的隐形网底工艺（如今依然在使用）的假发商品，也是佩克决定打造豪华沙龙想法的灵感来源。蜜丝佛陀通过销售假发赚得盆满钵满，这时的佩克才意识到帮别人赚钱而不是为家族出力太过愚蠢。随后，他们很快开发各种美容用品，通过“韦斯特摩尔之家”、美国的商店和零售线销售，给大众增添一分魅力。

和许多早期的美妆先驱一样，韦斯特摩尔兄弟也没有逃过编造显赫家世的命运。弗兰克·韦斯特摩尔在自传中描述佩克是如何告诉众人他们家族是英国贵族，而大家又是如何轻易相信的——除了演员查尔斯·劳顿（Charles Laughton），据说他曾这样反驳：“少在这儿满嘴跑火车了，看看你那双棕色的眼睛吧。”随着他们化妆刷下的演员的走红，韦斯特摩尔兄弟在好莱坞声名鹊起，纵然挥金如土，也没有散尽万贯家财——除了沃利，他似乎是兄弟之中在财务问题上最清醒理智的一个。韦斯特摩尔一家和蜜丝佛陀不同，后者是商人，前者是发明家，也经历了这个身份带来的一切：家族恩怨，大肆挥霍，酒池肉林，兄弟阋墙，嗜酒如命和数度离婚（支付高额的赡养费），就不用提每况愈下的健康状况和敏锐的商业嗅觉了。这一切都将“韦斯特摩尔之家”带上了毁灭之路，其产品线的运营也最终以失败告终。

韦斯特摩尔家族的后代进入好莱坞工作，直到今日一直在施展电影化妆的魔法，维护家族传奇般的名誉。为彰显韦斯特摩尔在好莱坞做出的贡献，这个家族姓氏被留在了好莱坞星光大道的星形奖章上。

蜜丝佛陀

他是彩妆界受认可度最高的人物，是最早为普通女性大规模生产化妆品的第一人，他就是同名品牌创始人蜜丝佛陀，说他定义了如今的彩妆产业也毫不过分。他原名马克西米利安·法克特罗维奇（Maksymilian Faktorowicz），1872年出生于波兰——这里引用了官方资料上的出生年份，真实性有待考察。蜜丝佛陀（和伊丽莎白·雅顿一样）略带无助地说，自己也不知道自己确切的出生日期！

蜜丝佛陀家中共有十个孩子，而且一贫如洗，他和兄弟姐妹们小小年纪就开始赚钱养家：他第一次跟着假发商和化妆师做学徒的时候只有9岁。14岁那年，他得到了第一份工作，成为俄罗斯皇家大歌剧院的假发制作师、化妆师和服装师。他在这个岗位上一直做到18岁，之后进入军队服义务兵役。退役之后，蜜丝佛陀搬到莫斯科，在那里卖起了他自制的化妆品和假发，没过多久就引起了沙皇尼古拉二世的皇室成员的注意。为皇室效力除了能够带来经济上的好处，也意味着蜜丝佛陀完全被皇室呼来喝去。《蜜丝佛

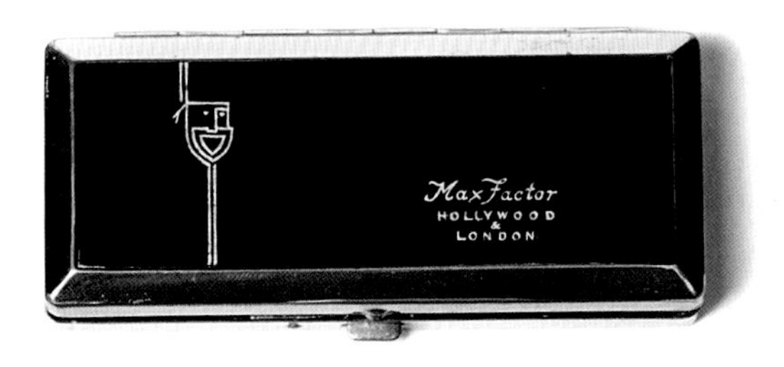

上图：1917年，蜜丝佛陀开在洛杉矶剧院区中心地带的“化妆品小屋”。

下图：蜜丝佛陀早期面向消费者出售的产品包装上都会有戏剧面具的标记，强调该品牌纯正的戏剧和好莱坞血统。

Rita Hayworth in the new Columbia Picture "GILDA" with GLENN FORD

Created by Max Factor ★ Hollywood

电影化妆中的问题

给电影化妆带来麻烦的可不止质地欠佳的舞台化妆油彩，很大一部分问题在于对蓝色光敏感的早期正色胶片对红色不敏感，让演员的肤色看起来暗了一倍，蓝色的眼睛看起来发白，所有红色的物体都变为黑色。这意味着普通的化妆品在银幕上无法正常地显色。对所有颜色的光线都敏感的全色胶片可以改善这一状况，不过由于成本和供应的限制，直到 1926 年以后，全色胶片才被用于电影拍摄。虽然观众可以通过全色胶片感受不同的色彩，但仍然需要蜜丝佛陀研制专用于全色胶片的化妆品。事实上，电影拍摄技术的不断进步也带来了加深对色彩的理解和推动产品创新的需求。演员们和化妆师们都依赖蜜丝佛陀开发出新的质地和色号来应对这些挑战——从处理黑白有声电影中的不同光线到与彩色印片法斗争。好莱坞资深化妆师霍华德·斯米特（Howard Smit）在接受美国电视学会基金会（Television Academy Foundation）的《美国电视档案》（*Archive of American Television*）栏目采访时曾评价道，“就化妆而言，蜜丝佛陀并没有任何秘诀可以分享。他的秘诀在于制造，他以化妆品制造商的身份占据了行业中的一席之地。他的公司和化妆师间的合作堪称完美。他们帮助我们改进了好莱坞早期使用的化妆品。”

陀的好莱坞》（*Max Factor's Hollywood*）一书引用了他曾经说过的话：“我失去了生活。总是有十几个人在监视和跟踪我。我没有独自和他人会面的权利，唯一能做的事情就是把皇室的成员打扮得潇洒漂亮。我自己什么也没有。”这样的情况无法长久，尤其是在他违抗宫廷律令秘密结婚生子之后。1904年，蜜丝佛陀决定移民美国，远离为沙皇效力时令人压抑的种种限制，逃离愈演愈烈的反犹太主义和大屠杀带来的惶恐不安。其中的一个细节颇为离奇，让人难以置信：据说他是用黄色的化妆品涂抹脸部，伪装出了一副病怏怏的神态，被送去温泉浴场疗养后，他借机和家人上演了惊天大逃亡。

美国移民局把“Maksymilian Faktorowicz”改成了我们今天熟知的“Max Factor”。踏上美国的土地之后，蜜丝佛陀一家迁往密苏里州圣路易斯市，当时正值1904年世界博览会在该市举办，蜜丝佛陀知道自己可以在那里销售商品。不幸的是，妻子的突然离世让他悲痛万分。1908年10月，他搬到洛杉矶重新开始。他在那里开了一家商店，把莱希纳（Leichner）牌舞台用化妆品和自己调配的化妆品并排放在货架上售卖，第二年，他正式成立了蜜丝佛陀公司（Max Factor & Company），此举颇有先见之明。虽然他制作并销售自己的化妆品，但假发仍然是当时买卖中的大户。假发的高销量让他在1914年得以把

蜜丝佛陀把化妆品和著名的好莱坞影星联系起来，以产品、电影和演员相互受益的方式进行宣传，做得尤为成功。

色彩理论

蜜丝佛陀于1918年提出了色彩协调原理（Color Harmony principle），认为拥有金发、深褐色头发、棕发和红发的女性需要使用不同色调的彩妆来呈现最美的一面。公司大楼在1935年以装饰艺术风格重新装修时，蜜丝佛陀为这四种类型各装饰了一间屋子：棕发女性的桃红色房间、深褐色头发女性的粉色房间、金发女性的蓝色房间和红发女性的绿色房间。

1931年推出的Automatic口红可以单手旋开使用，这为使用者增添了一丝妩媚的魅力。

店里的产品租给正在拍摄《阔男》（*The Squaw Man*）的塞西尔·B. 德米尔，这部电影也为他带来了重要的机遇。有意思的是，蜜丝佛陀的三个儿子都在该片中跑龙套，这让他们能更方便地在每天收工时回收假发。

在早期的好莱坞，绝大多数化妆师仍然在使用舞台用化妆品，这种化妆品会干裂，因而不适用于电影拍摄——银幕上的灾难。1914年，蜜丝佛陀迎来了彩妆上的突破，他开发出了和之前的棒状不同的膏状油彩——12色的油彩更加轻薄，延展力更好，并且不会干裂。消息四处传播，明星们纷纷到访，不仅是为了购买店内的产品，更是为了在电影中使用它们。

1916年，蜜丝佛陀首次在电影《琼女士》（*Joan the Woman*）中担任化妆总监。三年后，他完成了从服务电影的彩妆到服务大众的彩妆的跨越，推出了Society Makeup系列，到1927年时，该系列已经销往全美。霍华德·斯米特记忆中蜜丝佛陀的店铺“面积不大，坐落在南山街，销售的化妆品装在印有他本人照片的金属罐头中”。1928年，蜜丝佛陀在好莱坞星光大道附近新开了一家大型总店。公司此前雇用了一定数量的宣传和公关专员，但总店开张后不久，公司和数家电影公司签订了明星代言协定。事实上，协定的达成意味着蜜丝佛陀可以在广告中使用所有一线影星的形象，并以宣传其最新电影作为回报。此举取得了巨大的成功，一大批耀眼夺目的女明星为蜜丝佛陀的化妆品做起了广告，这种方式对现代面向女性的化妆品营销产生了持续性的影响。

1938年8月，蜜丝佛陀在洛杉矶的家中与世长辞。不久之后，他的儿子弗兰克，也是他事业上多年的亲密战友，把名字改成小蜜丝佛陀（Max Factor Jr.）以完成父亲的遗志。1991年，宝洁公司（Procter & Gamble）收购了蜜丝佛陀。

美妆界的女中豪杰

赫莲娜·鲁宾斯坦

赫莲娜·鲁宾斯坦原名沙亚·鲁宾斯坦（Chaja Rubinstein），1872年生于波兰一个普通家庭，是八个女儿中的大姐。赫莲娜的传记作者曾在书中透露，她的母亲坚持给女儿们抹面霜，

赫莲娜对购买珠宝的热衷非常有名，据传，她时常取出特意备好的珠宝送给记者们，希望他们能在媒体上美言几句。

保护她们的皮肤免受严寒天气的侵害。在让女儿们的脸蛋看起来清新可人的同时，母亲也一直想着为她们找到好人家。

16岁离开学校以后，赫莲娜开始帮助父亲打点生意。但当父母强迫赫莲娜嫁给他们为她挑选的丈夫时，她离开波兰，投靠住在维也纳的叔婶。1896年，赫莲娜再次因为婚姻大事和父母闹僵，倔强的赫莲娜移民澳大利亚科尔雷恩（Coleraine），寄居在亲戚家中。

远赴澳大利亚的旅途（她就是在此期间改名的）让赫莲娜在诸多方面大开眼界，轮船在许多远离故土的繁华都市停泊，售卖的异域商品让她大饱眼福——其中就包括化妆品。到达旅程终点的生活并没有想象中精彩：据说赫莲娜几乎不会说英语，她讨厌阳光，也恐惧马匹，这些因素在一定程度上让她无法充分地享受在科尔雷恩的生活，所以她大部分时间都在叔叔的店里工作。据说赫莲娜的皮肤如奶油般柔滑细腻，那些在阳光下暴晒的澳洲姑娘很快注意她的完美肌肤，并争相模仿。虽然惹得叔叔不高兴，赫莲娜开始贩卖随身带来的母亲调制的面霜。这一批卖完之后，她开始通过海运提货。但是因为当时的海运价格

一罐面霜打天下

赫莲娜展现出了异常精明的营销手段。她把首款面霜命名为Crème Valaze（注意，这个名字毫无疑问地透露出贵族气质——更多的是赫莲娜的品牌战略），据称里面含有采自东欧喀尔巴阡山脉的草本植物。赫莲娜宣称，这款昂贵的面霜是由一名“里库斯基博士”在欧洲配方而成后运至澳大利亚的，然而至今没人发现这位里库斯基博士的任何资料。虽然这个名字在面霜的宣传初期被反复提及，但当赫莲娜自己开始出任资深化妆品科学家的角色后，这个名字很快消失了。不过据鲁宾斯坦的传记作家米歇尔·菲图西（Michele Fitoussi）所说，赫莲娜在快要离世前把一张在文件中寻回、旧得发黄的纸递给了她的秘书——这就是Valaze面霜的配方。秘书原以为会在其中看到赫莲娜在过去70多年中提及的一系列来自异域的原料，然而留有赫莲娜工整字迹的配方上只是简单地列出了矿物油、植物油和蜡。这里的蜡指的是羊毛脂，是澳大利亚随处可见的绵羊身上的分泌物。羊毛脂本身的气味并不好闻，所以赫莲娜用松树皮、睡莲和薰衣草的怡人芳香让面霜带上香气。

虽然成本只有10便士，但当投资商建议每罐售价1先令（等于12便士）时，她坚决反对，回应道：“你疯了吗？女人是不会买那么便宜的东西的！当女性购买能让自己变美的产品时，一定要让她们感到自己购买的产品功效非凡……我们每罐卖7先令7便士吧！”

高、速度慢，赫莲娜决定自己动手制作面霜，她看到其中的商机后，便离开了科尔雷恩。她搬到墨尔本，做了各种各样的工作，后来结交了一位药剂师，在实验室花了几个小时才成功劝说他帮助自己复制出母亲的面霜。赫莲娜的身高只有1.5米左右，但她用张扬弥补了外形上的缺憾。她时刻不离高跟鞋，“穿对了鞋子，女人就可以征服世界”是她挂在嘴边的话。

这款被赫莲娜命名为“Valaze”的面霜得以热销，这次的成功让她淘到了第一桶金，足够在1903年的墨尔本开第一家美容沙龙，她很快又在悉尼开了第二家。1907年，她在新西兰开设了第三家沙龙和一家邮购公司。不过澳大利亚的市场有限，骨子里流淌着企业家血液的赫莲娜奔向伦敦，开设了Valaze美容沙龙。与此同时，她推出了首个彩妆系列，更是说服了高端客户抹着胭脂、涂着口红在公共场合抛头露面！赫莲娜也是提出“问题”肌肤种类的第一人，并在沙龙里推广实为伪科学的护肤术。她经常使用自己身着实验服的照片，甚至声称自己在维也纳获得了医学学位（故事听起来很动人，不过成书于她去世后的自传却告诉大家，

鲁宾斯坦是首个把皮肤分为油性、干性和混合性肤质的彩妆先驱，她让顾客能够像这张1935年的宣传册中所说的一样，根据肤质来安排个性化的护肤流程。

Your Cosmetic Portrait
by Helena Rubinstein

这是个彻头彻尾的谎言）。赫莲娜同样也第一个意识到，在做女性和美容生意的时候，有效的宣传、华美的包装、名人代言和通过抬高定价来提高顾客感知价值的手段能够为她带来大笔利润。她的广告言辞苛责，却收效明显——她是第一批真正利用女性对衰老的恐惧来做广告的人，“没有丑女人，只有懒女人”是她励志的口头禅，虽然真实性有待考察。她同样懂得迎合市场口味来开发和出售产品，在不同时期为美国和英国的消费者提供不一样的产品。

赫莲娜在伦敦和后来在巴黎开设的沙龙和售卖的产品收到了市场的热烈反馈。随着第一次世界大战的爆发，她于1915年举家迁往纽约，并开设了她在美国的诸多美容沙龙中的第一家。据说，回忆起第一次看见纽约女性的场景，赫莲娜曾这样说：“我认为美国会成为我终生事业的沃土。”幸亏纽约的富太太们没有意识到自己在赫莲娜心中不过是一群迫切需要被她拯救的人，对赫莲娜的一系列产品和宣传无懈可击的护肤术趋之若鹜。1928年——股市大崩盘不久前，她以730万美元（今天的9000多万美元）之巨出售了在美国的业务，但因经营不善和经济大萧条，公司价值缩水到原来的零头。按照典型做法，她以极低的折扣价回购公司，并帮助它成长为更大规模、更加成功的公司。

鲁宾斯坦从未在真正意义上地退休过，直到1965年去世前，她从未间断工作，在那个时候，由她建立起的化妆品帝国已经把触角伸向世界各地。她的儿子罗伊（Roy）继承了公司，并最终将其出售给高露洁–棕榄有限公司，现在被欧莱雅集团收购。赫莲娜·鲁宾斯坦在化妆品牌中的地位虽然不及从前，但她的贡献却不应被忘却。“就算我不做，也会有别人做的”是她的经典语录，但《纽约时报》将她评为“有史以来最伟大的女性企业家”。

名字的奥秘

你或许知道伊丽莎白——也可以叫她弗洛伦斯，因为这个名字一直用到1909年——为什么想改掉弗洛伦斯·南丁格尔这个名字：一是因为和她同名的护理运动先驱弗洛伦斯·南丁格尔那时刚刚去世，二是因为这个名字可能会引起令人困惑的联想。不过真实原因远不止此。伊丽莎白的竞争对手赫莲娜·鲁宾斯坦同样改了名字，很难不让人感觉到这两位女性希望改头换面并从各方面塑造自己及品牌形象的欲望。更何况粉饰现实的机会实在令人难以抵挡诱惑（想想韦斯特摩尔家族编造的英国显赫家族后人的谎言）。据说，伊丽莎白是在阅读英国诗人丁尼生（Tennyson）的诗歌《伊诺克·雅顿》（*Enoch Arden*）时，把“雅顿”选为自己的新姓氏的。关于这个姓氏的来源还有一种没那么浪漫的说法：她在阅读一位身价百万的马场大亨的讣告时，看到逝者名下一处名叫雅顿的乡村庄园，于是知道了这个名字。鉴于伊丽莎白对马的喜爱，第二种解释也不无道理。

雅顿认为女性对化妆品色调的选择取决于她们的个性与风格而非发色，这是对蜜丝佛陀“色彩协调”理念的挑战。

伊丽莎白·雅顿

原名弗洛伦斯·南丁格尔·格雷厄姆（Florence Nightingale Graham）的伊丽莎白·雅顿成长于多伦多郊外的农场，在家中五个孩子里排行第三。关于她确切出生日期的记载说法不一（从1878年到1886年），很大原因是伊丽莎白自己谎报了年纪——她因为把身世背景改来改去，自己都说记不清自己真实的出生日期！

弗洛伦斯的母亲在她年仅4岁时因肺结核去世，父亲为照顾孩子们不辞辛劳。年幼的弗洛伦斯承担起了养马的任务。她的童年似乎非常艰苦，不过这对她的日后生活却产生了决定性的影响：不仅培养出她对马的喜爱，更激发了她希望进入另一个更美好和富足的世界的欲望。

26岁那年，弗洛伦斯移居美国纽约。她起初在爱尔兰美容师埃莉诺·阿代尔（Eleanor Adair）位于奢华的第五大道的沙龙里做收银员，这两年工作经验对她产生了重要影响，让她了解了瑜伽和按摩的益处，并明确了以销售为目标来描述产品的重要性。1909年，她离开阿代尔的沙龙，和拥有少量护肤产品的伊丽莎白·哈伯德（Elizabeth Hubbard）合作经商。她们也在第五大道开设了一间沙龙，明确地将沙龙和护肤产品瞄准富裕阶层的奢侈品市场。不幸的是——更

PURE PURE RED...the brightest new idea in makeup in a long, long time.
A zinging note of color that sings out today's fashion message pure and clear.
(Halfway shades look like yesterday, now that PURE PURE RED is here.)

Elizabeth Arden

NEW YORK LONDON PARIS

准确地说是哈伯德的不幸——她们失败了，两人维持了6个月的合作关系分崩离析。弗洛伦斯不仅独吞了第五大道上的店面，还把前合伙人的名字变成了自己的！

1910年，伊丽莎白新开了一间“金色沙龙”（Salon d'Or）。沙龙装修奢华，红色的大门鲜艳醒目，这扇红门之后也融入了品牌形象之中。因为当时的银行不向单身女性发放贷款，面对如此昂贵的装修，你应该在想，伊丽莎白一定是历经千辛万苦才凑足了经费。她不仅凑足了资金，也明白物有所值，不难看出她的精明之处以及她对自己正在进入的新兴市场的理解。在后来的岁月中，她不断践行着“为了赚钱要先花钱”的理念。

对伊丽莎白和许多20世纪的彩妆先锋而言一样，是时机决定了成功。1912年，伊丽莎白开始欧洲之行，探访巴黎的沙龙（不出意外，她拒绝探访鲁宾斯坦的沙龙）。在一年前的纽约，伊丽莎白注意到，参加争取投票权游行的女性都涂着象征解放的红色口红；她还发现很多巴黎女性都会使用化妆品——包括眼部化妆品。她意识到反对使用化妆品的局面即将被改变，据说她在返回美国后，就开始在员工脸上试用旗下的彩妆，虽然等顾客开始对彩妆感兴趣还需要一段时间。

其他因素也让此次欧洲之行变得十分重要：据说伊丽莎白就是在返回美国的旅途中遇见了她的第一任丈夫，曾经做过推销员的汤米·刘易斯（Tommy Lewis）。伊丽莎白聘请汤米掌管公司的批发部门，他在公司未来的发展中扮演了不可或缺的角色。汤米陪同伊丽莎白和她的一个姐妹在1920年第二次踏上欧洲的土地，这一次他们期

据说，为了严格把控措辞并确保使用色调正确的粉色，广告文案都是由雅顿亲自操刀的。

望找到批发商和经营沙龙的合适地点。公司在这个阶段发展迅速：到1925年，在美国的9个城市、巴黎和伦敦都能看见伊丽莎白·雅顿的沙龙。

据说伊丽莎白对公司的控制欲极强，不放过任何一个细节，对极其成功的人士来说，这样的做派不足为奇：她亲自招聘和训练伦敦沙龙的员工，对在与公司有关的一切设计中使用的颜色吹毛求疵，号称撰写了所有广告文案和抗衰老的宣传册。伊丽莎白认为语言的美感非常重要，并在广告宣传方面和布莱克广告公司紧密合作。

虽然某些和产品相关的传言荒诞不经，或令人质疑（在《食品、药品和化妆品法案》于1938年颁布以前，人们可以随心所欲地做出评论，他们也正是这样做的），伊丽莎白在改变对色彩的刻板定义方面扮演了重要角色。蜜丝佛陀“头发颜色决定化妆品色彩”的理论颇为著名，但在伊丽莎白看来，女性的阶级和风格才是决定性因素。

1934年，汤米和一位同事的婚外情导致两人婚姻破裂，私家侦探对婚外情的曝光起到了些许作用。1942年，伊丽莎白迎来了第二次婚姻——这场婚姻完全是一场灾难。第二任丈夫迈克尔·叶夫拉诺夫（Michael Evlanoff）王子比她年轻7岁，不过他对伊丽莎白的主要吸引力在于头衔“继承自比赫莲娜·鲁宾斯坦的第二任丈夫古利耶里（Gourielli）的家族更有名望的家族”，不难看出她一直视鲁宾斯坦为劲敌。不幸的是，迈克尔并非王子，这一段婚姻在很短的时间后以失败告终。关于伊丽莎白的一些传言不太可信，但广为流传，比如她用断粮的方法把拒绝离开的冒牌王子丈夫赶出公寓，或是她在赛马身上涂满自家生产的“8小时润泽霜”（Eight Hour Cream）。

1946年，伊丽莎白·雅顿成为首批登上《时代》杂志封面的女性，这是一项莫大的荣誉。1966年10月，伊丽莎白死于中风和肺炎的并发症，享年85岁。她留下的化妆品帝国直至今日依然在彩妆界傲视群雄。

彩妆新贵

查尔斯·雷夫森

查尔斯·哈斯克尔·雷夫森（Charles Haskell Revson）出生于1906年，官方记载的出生地是波士顿，不过看过这么多先例以后就很难断言真假。有说法认为他其实来自蒙特利尔。不管出生地在哪，雷夫森是在新罕布什尔长大的。

露华浓创始人查尔斯·雷夫森

1931年，雷夫森进入总部设在纽瓦克市的埃尔卡公司（Elka），成为一名销售代表。这家公司生产的一种不透明的指甲油在市场上独一无二，与其他透明的同类产品不同。雷夫森从纽约把指甲油分售给顾客，但当公司取消了他的全国销售资格后，他就和弟弟约瑟夫（Joseph）和查尔斯·R.拉克曼（Charles R. Lachman）合作成立了公司。拉克曼不仅找到了能够生产指甲油的化学公司，“露华浓”这个品牌名称的诞生也有他的一份功劳。

雷夫森最初的配方出了点问题，时尚圈的传奇编辑戴安娜·弗里兰（Diana Vreeland，当时的她还不是编辑，但在纽约社交圈算得上一号人物）曾说过他调制出来的指甲油颜色持久度低，等它干透简直要等到天荒地老。幸运的是，查尔斯的女朋友是弗里兰的美甲师，而弗里兰也给了他打开成功大门的钥匙。弗里兰在旅居欧洲期间曾使用过别人赠予的两瓶指甲油，持色久也干得快——换句话说，就是指甲油中的精品。两瓶快要用尽的时候，查尔斯的女朋友告诉她，自己的男朋友如果能够拿到样本，或许可以帮她复制出这种指甲油。弗里兰日后写道：“说来也奇怪，无论我什么时候见到查尔斯·雷夫森，他的眼睛里总是流露出某些神情……我一直知道，查尔斯很清楚我知道他是从一瓶只剩那么点的指甲油中创造出如此巨大的财富的。”

1935年，露华浓在《纽约客》（*The New Yorker*）上刊登了第一则广告，展示出了雷夫森精明的商业策略。和赫莲娜·鲁宾斯坦与伊丽莎白·雅顿一样，他也并不抗拒为售出产品而扭曲事实的做法。广告将指甲油描述成“一位纽约名流的原创”，除非这里暗示的是弗里兰，否则并不存在这样的人。广告还宣称指甲油在萨克斯百货（Saks）有售，这一招真是狡猾。因为在当时，指甲油还没被生产出来，但是随着广告创造出的需求量的上升，它们很快就会面世。广告的制作费高达300多美元——等于公司全年的广告预算，对一个处在大萧条时期的小公司来说是一

卖指甲油的男人

相隔千里之遥的赫莲娜·鲁宾斯坦和伊丽莎白·雅顿或许对彼此不屑一顾，却能在一件事情上达成一致：她们都恨查尔斯·雷夫森。在她们看来，雷夫森是个暴发户（虽然她们也一样），卖一些她们认为有点下里巴人的产品。鲁宾斯坦叫他“卖指甲油的男人”，而雅顿以“那个男人”来称呼他。据说，雷夫森把旗下的香水命名为“That Man”（那个男人）就是为了激怒雅顿。1947年，露华浓公司迁入了第五大道的豪华写字楼，位置临近两位女强人的办公室，据说赫莲娜·鲁宾斯坦因此勃然大怒——虽然没有露华浓在1962年推出首款面霜时那样暴怒。虽然雷夫森、鲁宾斯坦和雅顿三人时常被视作对手，但是据说雷夫森一直将雅诗兰黛当作自己真正的对手，他们也的确在数年间用各自的新产品上演了针锋相对的竞争。虽然他们背景相似，雷夫森因为雅诗兰黛能够爬上社会阶级的顶层，在贵族圈和精英圈中混得风生水起，自己却望尘莫及而对她生恨。鲁宾斯坦和雅顿对雷夫森的憎恶早已是人尽皆知，雷夫森在鲁宾斯坦去世后买下了她位于派克大街的公寓，并花了两年的时间把它装修成鲁宾斯坦一定会讨厌的风格。

大笔开销。查尔斯的孤注一掷有了回报，露华浓指甲油的销量到1938年突破了100万美元（约等于现在的1600万美元）。

从这种具有策略性又有点欺骗性的广告宣传中，可以看出雷夫森取得成功的战略。坊间也流传着雷夫森的竞争对手丢失色卡、瓶盖被打开导致指甲油干透的恶毒谣言。露华浓公司的一位销售人员回忆起雷夫森的话："让你的竞争对手去做基础性的工作和栽跟头。当他们发现了好东西以后，你只要加以改进，用更精美的包装搭配更有效的宣传，就能让你的对手们全军覆没。"

查尔斯·雷夫森的某些商业行为略显卑劣，碾压对手的方式冷酷无情，身上带有的强迫症和专制蛮横让他与员工和家人（包括两任妻子）之间关系不和。但我们必须承认，他将全部心血都倾注在公司上，对待工作认真负责。测试产品时他总是一丝不苟，甚至会为了检验指甲油的持久度而在睡前把产品涂抹在自己的指甲上，也会为了销售产品而在美容沙龙销售会议前用各色指甲油给指甲上色，以向顾客展示公司的系列产品。这种做法不仅比印刷色卡成本更低，也更具创意。除了对工作的热忱，雷夫森也深谙销售之道。他的销售策略也很有成效：露华浓指甲油在药店、美容沙龙和百货商店均有销售。

露华浓公司在第二次世界大战期间收到了很多政府订单，生产急救药箱和其他物品，这也保

上图：露华浓是第一家提出对口红和指甲油的颜色进行匹配的理念的公司。

后图：露华浓把首个男性美容系列命名为"That Man"，以此无礼地羞辱赫莲娜·鲁宾斯坦和伊丽莎白·雅顿。

WOMEN DIG IT!
'THAT MAN'
COLOGNE
Revlon
'THAT MAN' BY REVLON
A GENTLEMAN'S COLOGNE · AFTER-SHAVE LOTION · SPRAY TALC AND SOAP

虽然电影《埃及艳后》到1963年才在影院上映，雷夫森在不断流出的伊丽莎白·泰勒的片场偷拍照片中解读出大众对电影的期待，于是推出了取材自克利奥帕特拉七世的口红盒。

火与冰

露华浓在1952年的秋天推出了“火与冰”系列，被普遍认为是最具标志性和开创性的美妆营销，其独特之处在于它把口红和指甲油不仅当作奢侈品，而且当作性感的奢侈品进行销售。由女性广告文案撰写人凯伊·达利（Kay Daly）打造的广告长达两页，除了印有理查德·埃夫登拍摄的迷人硬照外，还附有小测试，通过11个问题来帮助读者辨别自己是不是“火与冰女孩”（被定义成“无疑是世上最令人兴奋的女性”）。这个充满趣味性的销售技巧把妆容和读者（想要拥有）的个性等同起来，获得了巨大的成功。

证了公司还能继续销售化妆品，甚至一度卖到缺货。1940年，露华浓公司开始出售与指甲油颜色相配的口红，这个在灵感启发下做出的决定让公司的年利润翻了一倍多，公司在不久之后开始生产腮红。到了1960年，露华浓成为指甲油、彩妆和发胶的最大销售商。

查尔斯·雷夫森激进又无畏的态度让露华浓成为第一个积极接纳电视广告的美容品牌。从1955年到1958年，公司成为直播竞猜节目《价值6.4万美元的问题》（*The $64,000 Quesiton*）的赞助商，每周播放3个时长为1分钟的精彩广告。这一举措极大地刺激了销售的增长，许多产品销售一空。虽然有怀疑节目被幕后操纵的丑闻传出，也涉及了雷夫森，露华浓却凭借此举将竞争对手远远地甩在了身后。

雷夫森在20世纪70年代初被诊断出癌症。他在露华浓公司所做的最后决定中包括用前所未闻的天价年薪签下名模劳伦·赫顿（Lauren Hutton）做代言。1975年，查尔斯·雷夫森因胰腺癌去世，享年68岁。虽然今天的露华浓依然占有一定的市场份额，但和奢侈品牌之间已经不存在直接的竞争关系，只限于在药店出售。

雅诗兰黛

原名约瑟芬·埃斯特·门策（Josephine Esther Mentzer）的雅诗兰黛于1908年降生在并不繁华的纽约皇后区科罗纳的一个移民家庭中，母亲来自匈牙利，父亲来自捷克。

埃斯特的叔叔是一位化学家，制造护肤产品并销售给美容沙龙。1924年，16岁的埃斯特开始为叔叔工作，并最后按照自己的配方做起了实验。从一开始，她就有很清晰的设想——打造高档化妆品。20世纪30年代，她决定开始专注为自己的产品设计奢华的包装，并把名字改成了“雅诗兰黛”，以显示自己的欧洲血统——这个理由听起来是不是很耳熟？不过官方的说辞是，“Estée”是她在家里的昵称“Esty”的变体，而“Lauder”是她第一任丈夫约瑟夫·劳特（Joseph Lauter）姓氏的变体。直到1946年，她才正式成立雅诗兰黛化妆品公司。

雅诗兰黛采取了在高端百货商场销售产品的零售策略，地点的选择也符合她对品牌消费者的定位：需要高质量产品和包装的精致女性。和对手查尔斯·雷夫森一样，雅诗兰黛走访门店并亲自推销，是一个喜欢和客户面对面打交道的女销售，为了让产品畅销而劳心劳力。她非常重视和顾客的肢体接触（把面霜抹在她们的手和手腕上）和吸引顾客购买的技巧。后来，甚至在公司已经取得巨大成功以后，她还时常坚持培训员工在百货公司专柜工作的技巧。

化妆品间谍

雅诗兰黛对查尔斯·雷夫森素来保持着相当高的警惕性。《纽约时报》的一篇文章曾描述道，在设计倩碧（Clinique）实验室时，所有关于该品牌成立的会议都在一间无窗的房间里召开，而且“用‘兰黛小姐’为代号，将项目伪装成一个面向青少年的子品牌”。正如雅诗兰黛所料，倩碧的诞生让雷夫森倍感恼火，他很快用仿作 Etherea 系列回敬对手。不过雅诗兰黛还有一计，在雷夫森的 Etherea 系列在商店铺货之前，“倩碧在广告中使用了 Etherea 系列产品还未公布的名字，作为修饰倩碧的形容词”。

化学家的资历加上对精美奢华包装的鉴赏力，雅诗兰黛夫人向世人证明了自己是一个令人敬畏、思想超前的女企业家。

雅诗兰黛的广告风格非常符合她对品牌的构想——和露华浓活泼鲜艳的彩色广告不同，她通过黑白摄影展现高雅的意境，并常年使用优雅的金发女郎卡伦·格莱姆（Karen Graham）作为广告模特。

1953年推出的Youth Dew成为雅诗兰黛旗下一款真正大获成功的产品，这款沐浴油含有能附着在皮肤上的高浓度精油，也能够作为香气持久的香氛使用。Youth Dew很快受到了顾客的欢迎，部分源于它在消费者眼中的较高价值。但是，真正改变雅诗兰黛品牌基因的却是它在1968年推出的首个“经皮肤专家测试、不含香料的化妆品牌”——倩碧。倩碧以基础护肤的三步骤（洁面，清理皮层，水油平衡）为基础，以简洁、科学的护肤方式开创了护肤品牌的先河。同样创新的还有倩碧的广告风格，以产品为主题的

小付出，大回报

在雅诗兰黛留给美容界的最宝贵的发明和遗产中，随正品附送免费小样当属其一。鉴于当时广告经费有限，雅诗兰黛夫人按照萨克斯百货公司的邮寄名单给顾客写信，告知他们只要在店内购买任意产品即可获赠礼品一份。在Youth Dew热销期间，她为购买了护肤产品的顾客奉上这款香氛作为礼物。

静态摄影优雅大方——直到今天仍在使用。1976年，倩碧推出Skin Supplies for Men男士护肤系列，成为首款由女性品牌推出的男性护肤用品。

雅诗兰黛夫人于2004年辞世，她所有的对手当时都已离世，据说她甚至参加了伊丽莎白·雅顿的葬礼。

不仅雅诗兰黛夫人令人敬畏，公司至今仍有可观的盈利，成为全球领先的生产和销售商，而雅诗兰黛公司仍拥有大部分股权——这一点实属难得。如今的雅诗兰黛旗下拥有25个品牌，包括魅可彩妆（MAC Cosmetics）、芭比波朗（Bobbi Brown）、艾凡达（Aveda）、魅惑丛林（Smashbox）、汤姆·福特彩妆（Tom Ford Beauty）等知名品牌。

规则的颠覆者

保守观念依然在很大程度上影响着化妆品的诸多发展，不过在20世纪60年代的英国，一场革命正悄然兴起，这是首次有青少年全程参与的变革：老气横秋的彩妆并不对攥着零花钱的女孩们的胃口，年轻的一代需要新鲜有趣的化妆品。于是，这场由玛丽·匡特（Mary Quant）和比芭（Biba）在伦敦发起的变革很快扩展到全球。

玛丽·匡特

1955年，玛丽·匡特在伦敦国王路上开了第一家时装精品店Bazaar；1966年，在潜心研制了18个月后，她在处于“摇摆的60年代”高潮时期的英国推出了彩妆系列。这一系列动作背后的策划者匡特曾记录下“人们被这个品牌所创造的时尚震惊的样子”。的确，这个品牌的方方面面——就像匡特的著名之作迷你裙一样，不论是彩妆的色调和外包装，还是在广告牌上展示放大后的巨大面孔的宣传方式，都和以往截然不同。

标志性的化妆蜡笔（实际就是一罐彩色蜡笔）配上“暗示使用者可以在任何地方画一朵花”的说明书，给人一种调皮活泼的感觉。它们赋予使用者表达创造力的自由，这是一把小刷和一个小罐无法引起的共鸣。

体现匡特创意的外包装成了服饰不可或缺的一部分。当时的她正在为新现代女性开发彩妆，塑制包装的外部通常只有黑白两种颜色（内

MARY
QUANT
COLOUR
STICK
transparent
skin colour

MARY
QUANT
EYE
TINT

MARY
QUANT
longlasting
shadow tint

MARY
QUANT
TEARPROOF
MASCARA
0·25 OZ.
NET WT.
7G.

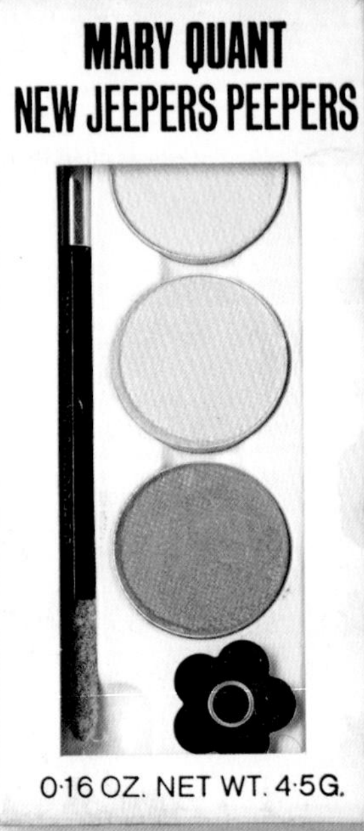
MARY QUANT
NEW JEEPERS PEEPERS
0·16 OZ. NET WT. 4·5G.

MARY
QUANT LICKSTICK

MARY
QUANT
NATURE
TINT
see-thru
make-up

MARY
QUANT
NATURE
TINT
see-thru
make-up

MARY QUANT
FACE FINAL
compressed face powder
WITH PUFF
8·5g 0·3oz. net wt.

部的色彩通常也类似）。她曾写道，自己的口红是“年轻的职场新女性的象征，涂着口红的她们穿过餐厅，目光相接，仿佛是某个共同组织中的一员”。

产品拥有和外观相配的幽默命名，比如“素面朝天”粉底（Starkers）、“天哪”眼影（Jeepers Peepers）和“重现睫毛”睫毛膏（Bring Back the Lash）。在匡特看来，如此命名是为了让产品取代“中年丑老太婆销售的所有冒牌法国货，因此玛丽·匡特的化妆品的销售人员都是穿着迷你裙、有顶级模特风范的年轻姑娘，或是身着牛仔服的帅气小伙”。此举改变了化妆品的销售方式——化妆品店和艺术品店越来越接近，店内再也看不见匡特曾嘲讽过的“老年贵妇样貌的售货员”。

上图：匡特花费 18 个月研发的彩妆系列突显出活泼有趣的产品特色，丝毫没有重复早期彩妆先驱的老路。
对页图：匡特的化妆品系列中没有过多修饰的单色包装，幽默的产品名称和个性鲜明的创新产品和她的时装设计一样具有革命性。

匡特的产品被迅速销往世界各地。彩妆的潮流已然发生了改变。

芭芭拉·胡兰妮奇

和追求闪亮、未来感和新奇感的60年代恰恰相反，70年代的怀旧情结明显要浓厚许多。芭芭拉·胡兰妮奇（Babara Hulanicki）在1963年成立比芭邮购公司，向年轻女性销售平价时尚服装。1964年，她在伦敦肯辛顿经营了一间面积不大的时装精品店，成为爱美女性的必到之地。事实上，到了1973年，这间小店已经完成扩张，足以填满6层曾用作百货商店的大楼。

比芭从1970年开始销售化妆品，化妆品很快成为公司最成功、利润最高的业务。次年，巴黎、米兰、加利福尼亚和东京的柜台里和全英300家多萝西·帕金斯（Dorothy Perkins）的门店中都能看到比芭化妆品的身影。

产品的外包装既时尚又充满魅力，光亮的黑色和金色营造出20世纪30年代的气氛。不过比芭化妆品的颜色和之前都不相同，成为首个完全颠覆了传统概念中适合眼部、唇部和脸部的色彩的品牌。其腮红、眼影、阴影和妆前提亮液的颜色从蓝色、绿色再到黑色，不一而足。泛着金属光

泽的银色、铜色和金色彩妆固然迷人，不过比芭的主打色调是别具一格的暗淡和“瘀伤色”的色系——铁锈色系、棕色系、芥末黄、深蓝绿、红褐色和紫红色——而不是传统的红、粉、蓝和绿色。1972年，比芭推出了首个针对深肤色女性的化妆品系列。芭芭拉·胡兰妮奇曾说，当她向工厂展示她希望调制出的化妆品（棕色、蓝色和黑色的口红）色调时，工厂方面不以为意，认为这样的产品根本没有销路。不过善于捕捉时代潮流的芭芭拉却击中了消费者的需求要害，首款棕色系唇膏在半小时内销售一空。

与60年代强调线条感的眼妆不同，比芭的眼妆将色彩晕染开，仿佛大朵大朵柔和圆润的云。无论比芭女孩走到哪里，她们散发着金属光泽的光滑面庞、刷着浓浓睫毛膏的大眼睛和不同寻常的唇彩颜色，都会让人忍不住多看两眼。

购买产品前进行试用是比芭为顾客带来一种全新体验，这是一次完全意义上的革命：许多时髦的年轻女孩在晚上赴约前都会在店内的柜台上化妆。比芭不仅影响了女性，对男性和华丽摇滚（Glam Rock）也产生了深远影响。安吉·鲍伊（Angie Bowie）是比芭彩妆的粉丝，她也把比芭介绍给了丈夫、著名摇滚音乐家大卫·鲍伊（David Bowie）。“比芭在手，彩妆不愁”这句话并不夸张。

左图：特立独行的时尚设计师和企业家芭芭拉·胡兰妮奇颠覆了大众对于可接受的彩妆色调的认知。
对页图：1973年安杰丽卡·休斯顿（Anjelica Huston）典型的比芭式妆容。

玛琳·黛德丽

20 世纪 30 年代，处于黄金时期的好莱坞让世界认识了全新风格的明星，她们的魅力不在于外表，而在于态度。这些新女性既有能力，性格也坚强，优雅兼具成熟。她们诠释了“魅力”二字的真正含义，这和 20 世纪 50 年代或是当今在照片中袒胸露乳、搔首弄姿的女星有着天壤之别。

玛琳·黛德丽是这个时代最著名的好莱坞影星之一，20 世纪 20 年代，她在柏林的电影片场中饰演过一些小角色，在接拍约瑟夫·冯·斯登堡（Josef von Sternberg）执导的电影《蓝天使》（*The Blue Angel*）后于 1930 年一举成名。

在黛德丽从事的行业中，化妆是为表演而存在的，她自然懂得它的价值，也知道怎么利用化妆品来呈现自己最美的一面。“我出售魅力，它是我的库存商品”是她的名言。她清楚化妆品和舞台灯光在塑造和呈现完美形象上的重要性。她的外孙彼得曾说，她是 20 世纪 20 年代在柏林夜总会的歌舞表演中第一次发现了化妆品的力量。

剧院照明从 18 世纪末期开始发生了巨大的变化，煤气灯取代了煤油灯，再到发着强光的石灰灯，而电灯最后取代了其他的手段，成为剧院的照明方式。

黛德丽接拍电影后才首次接触到光线极其强烈的弧光灯，她发现自己的脸部在弧光灯的照射下毫无立体感可言，这就意味着她需要通过使用化妆品或者拔掉眉毛重新描画的方法改变眉形，从而重塑面部轮廓。甚至在好莱坞拍摄电影时，她也没有外聘化妆师，依然选择亲力亲为（与其他明星不同）。正如她和派拉蒙影业的首席设计师特拉维斯·班通（Travis Banton）共同设计了所有戏服一样，玛琳与蜜丝佛陀等彩妆师和生产商合作，制造出最适合她的产品。

好莱坞对许多化妆技术的引入都要归功于黛德丽。她在 1930 年来到洛杉矶的时候，韦斯特摩尔家族的埃尔恩·韦斯特摩尔发觉她的一些化妆技巧不同寻常，就去保姆车上向她讨教。埃尔恩的弟弟回忆，黛德丽说，有一次冯·斯登堡在给她打光时掏出了一小瓶银色颜料，顺着她鼻子的中线画了一道，然后调整了聚光灯的位置，让光线从她的头顶直射在这条线上，结果她的鼻子在镜头里奇迹般地变窄了三分之一。黛德丽还向韦斯特摩尔展示了另一个天才般的化妆技巧。她当时正在喝咖啡，取出杯子下的茶托，让其底部朝上扣住一根燃烧的火柴，再次翻转茶托后，他们看到茶托上覆盖着碳燃烧后留下的乌黑色污迹。黛德丽朝其中滴入了几滴婴儿用润肤油后用手指进行混合，接着把混合物抹到眼睑上，从上睫毛上方开始，朝着眉毛的方向向上晕开，越接近上睫毛的位置颜色越深，越接近眉毛越淡。当所有人仍然在使用厚重的黑色眼妆产品时，这个绝美又精妙的眼妆打开了一扇新的大门，不仅能够

瞬间美化眼部，其中的油脂在反射光线后还能闪闪发亮，创造出惊艳的立体效果。

和大众认知不同，黛德丽从未剃过眉毛。她的眉毛生来标致，所以也不需要修整。不过，她的确漂白过也拔过眉毛，使其达到她理想中的形状——有时描得细一点，有时稍微饱满一点。此外，她也用过假睫毛。黛德丽的化妆技巧不仅具有革命性，她的方法在当时也是非常超前的，她会把太阳穴后方的头发紧紧地编成辫子，向后牵拉皮肤，达到拉皮的效果。在佩戴假发时，黛德丽会用在巴黎发现的类似 Spanx 塑身衣的特殊网状织物包裹头部，以加强效果。彼得解释道，随着年纪增加，黛德丽会使用拉伸脸部的胶带（和今天使用的差别不大）来提升脸部轮廓，而非诉诸整容手术。

玛丽莲·梦露

玛丽莲·梦露是性感美女中的极品，不过她并非生来如此。正如摄影师弥尔顿·H. 格林（Milton H. Greene）所说："别妄想早晨起床后只是洗把脸、梳个头，出门时就能有玛丽莲·梦露的风采。她可精通美容业中的所有秘诀。"

梦露母亲的一位朋友——也就是后来成为她监护人的那位曾告诉年幼的梦露，她和珍·哈露的差距只有鼻子和头发。这句话似乎在梦露的脑海中一直消散不去，从原名诺玛·简（Norma Jeane）的普通少女到如今众所周知的性感影星玛丽莲·梦露的三个关键步骤中，第一个就是给头发染色。1952年，她以淡金发女郎的形象出演霍华德·霍克斯（Howard Hawks）的电影《妙药春情》（*Monkey Business*）。第二个关键步骤发生在1950年，梦露在那一年进行了鼻子和下巴整形手术。好莱坞整形医师迈克尔·古尔丁（Michael Gurdin）的办公室记录曾于2013年被公开拍卖，将梦露整形一事公之于众，证实了此前的传闻。而她和彩妆师艾伦·惠特尼·斯奈德（Allan Whitey Snyder）的相识则成为第三个关键时刻。

斯奈德承担了梦露1946年在20世纪福克斯影业的第一次试镜的化妆工作。即便斯奈德曾劝告她说这种妆容并不适合电影的拍摄，梦露仍然要求斯奈德按照她做模特时化妆的方法打造妆容。果真，梦露在片场一露面，导演就因为妆容的问题训斥了斯奈德，让梦露又惊又恐。斯奈达一面安抚梦露，一面给她重新化妆，从此赢得了她的信任。斯奈德就这样成为梦露此后演艺生涯中的御用化妆师，两人的私交深笃——他帮助她克服了传言中的怯场，甚至为她的遗体化妆（应她的要求），也担任了她的护棺人。好莱坞演员，尤其是女演员的美貌保质期不长，梦露和斯奈德都知道，青春容颜是行走于好莱坞的护身符。斯奈德为梦露打造的妆容无一不透露出"健康好气色"的信息，同时保证她在任何镜头里都能散发光芒。珊瑚色的脸颊、水润光泽的唇彩、假睫毛和轻盈粉底——这些元素符合大众商业对代表战后美国梦时期女性形象的幻想，并通过电影院的银幕将健康、朝气和被掌控得恰到好处的性感传递给所有观众。

在拍摄1953年的黑色惊悚片《飞瀑怒潮》（*Niagara*）期间，梦露和斯奈德找到了最合适的造型，于是她把它一直保持下来。梦露的造型视场合而变，其中有"自然的"私人外出妆和"不演戏时"面向公众的造型，也有体现角色特征的剧照造型，还有全副武"妆"、火力全开地体现性感的造型。这种魅力四射的造型背后通常站着电影公司的宣传部门（想一想《飞瀑怒潮》宣传照里的身着金色百褶裙的梦露——曼妙身姿一览无余，光彩夺目无人能敌），和工作状态以外的她相去甚远。梦露过分热衷于保护和滋润她的干燥皮肤，据说她会在上底妆之前抹上一层凡士林或是其他质地厚重的护肤霜。护肤霜不仅能够赋予皮肤一层美丽的光泽，还能在镜头前产生柔焦的效果，这样一来，站在摄影灯光下的梦露便能散发出动人光彩。

梦露妆面的关键在于看起来容光焕发、水润清透，人前的她总是清爽干净，从不浓妆艳抹，因为她知道水润就意味着年轻。梦露借鉴了葛丽泰·嘉宝涂着厚重眼影、散发着慵懒气息的眼妆，她时常在上睫毛的中后段贴上半副假睫毛，在拉长眼部线条的同时也能让妆容更加性感。梦露有时会用棕色的眼线笔给眼睛下方打上阴影，制造出浓密睫毛投下的影子的效果。

用斯奈德自己的话说：

我可以坐在那里，闭着眼睛完成整个化妆的流程。首先轻轻地将粉底打在脸部。取一夸脱蜜丝佛陀浅棕色粉底、半杯象牙白颜料和一滴“小丑白”配制出的粉底能和梦露天生的肤色完美匹配。第二步，给眼睛下方的皮肤打高光。取出高光产品，在颧骨和下巴上扫开。使用色彩协调的眼影，并将眼影晕开至发际线，然后用眼线笔勾勒眼线。我通常会用眼线笔清晰地描出眼部线条，注意，需要在她瞳孔的正上方——约半厘米的地方——加重几笔，形成顶峰，并从这个地方至眼尾贴上假睫毛。再用眼线笔描绘下眼线，让双眼看上去更加饱满有神。眉毛画到能让额头看起来宽一些的长度即可，在眼部中段偏后处修出眉峰，眉尾下弯会让眉形更加好看。切记不能让眉毛延伸得过长，否则会看起来不够真实自然。在颧骨上使用阴影会增强立体感。我只需用比肤色略深的色彩沿着颧骨下缘扫一条阴影就能轻松塑造颧骨的立体感。至于口红，我们会使用各种色号。起初，宽银幕电影让我们吃尽苦头——所有的红色调都变成了赤褐色。我们只好选择淡粉色的口红。

劳伦·赫顿

无论是过去还是现在，露着门牙缝的笑脸、被阳光热吻过的皮肤和率性的中性风格都是劳伦·赫顿的著名标签。20 世纪 60 年代初以模特出道后转行成为演员的赫顿不仅在改变大众对化妆品及女性穿搭的认知方面扮演了关键性的角色，也极大地改善了模特在时尚及化妆品产业中的境况——模特的待遇有所改善，只使用年轻女模特的行规也被打破。赫顿原名玛丽·劳伦斯·赫顿（Mary Laurence Hutton），1943 年出生于南卡罗莱纳州查尔斯顿市，12 岁那年送走生父后，就一直和母亲与继父生活在佛罗里达州的乡村。

从南佛罗里达大学毕业后，赫顿虽然心怀成为艺术家的梦想，却背井离乡来到了纽约。报纸上的一则广告让她迈开了模特生涯的第一步，虽然是连哄带骗才拿到这份迪奥的工作机会，但她很快意识到自己的工资（周薪 55 美元）按照时薪标准来看真是少得可怜。

时任 *VOGUE* 编辑的戴安娜·弗里兰在赫顿开辟模特职业道路时产生了重要的影响，她第一次和赫顿见面时就直截了当地告诉她："看看你！你的确气度不凡。"赫顿曾这样评价道："我和戴安娜见面的时候，50 年代的时尚潮流风头正劲。当时应该已经是 1964 年了，但是美国人依然和《广告狂人》（*Mad Men*）中的人物穿得一样……"相反，那时的赫顿穿的是"牛仔裤、T 恤衫和运动鞋"。1966 年，弗里兰请来理查德·埃夫登为赫顿拍照，捕捉到赫顿轻轻跳起的难忘瞬间（她给埃夫登展示小时候从沼泽中的动物背上跳过的动作时产生的灵感）。

做模特工作时的赫顿或许有发型师相随，至于化妆就只能自己动手，因为化妆师在当时的模特行业中并不是标配，甚至在为 *VOGUE* 拍摄封面照片时也是如此（她曾登上 *VOGUE* 美国版封面高达 27 次）。起初，赫顿试图用殡葬师使用的并不牢固的蜡制物和人造齿冠来填补牙缝，不过她很快意识到，牙缝正是她的独特之处。棕色的皮肤和未被遮盖的雀斑使赫顿成为 70 年代的美丽典范。典型的美国人长相和健康的外表呼应了当时崇尚自然、有机美容产品的潮流。化妆品公司正在极力满足消费者对更加天然的化妆品和简洁、具有嬉皮士气质的包装的追求。赫顿曾凭借一己之力提高了模特的薪酬，也让自己成为 70 年代身价最高的模特之一。1973 年，通过主动争取，赫顿敲定了和露华浓的第一份高薪模特合同。此后，模特经纪公司开始以天而非小时为单位来雇用模特，模特报酬也一飞冲天。赫顿后来说，自己是受到了运动员领取酬劳的方式的启发。

80 年代末，46 岁的赫顿重返模特界——这次回归并非为了金钱，而是因为她认为一定年龄以上的女性的形象无法在模特界得以展现，而她本人对此难以理解。导致这个问题的一部分原因出在当时的化妆品上：赫顿发现，为年轻肌肤打造的彩妆加上和中年女性合作经验为零的彩妆师，让中年女性

摄影：Irving Penn；版权所有：Condé Nast，*Vogue*，1968 年 6 月

的妆容看起来颇为奇怪，用她原话来说，就是看起来像“丑陋的妓女”。为了解决这个问题，她花了13 年来开发自己的彩妆系列，并于 2002 年将其推向市场，并确保产品使用方便，适用于中年女性。她把在长期工作中积累的经验和与出色的彩妆师合作时学来的知识运用到彩妆的开发中。如今她已年过七旬，却依旧活跃在模特的舞台上，用无所畏惧的态度鼓舞着新一代女性。

第6章

化妆包里的历史

从民间偏方到世界品牌

化妆包里的必备品——假睫毛、口红、胭脂和指甲油如今随处可见，让我们很难想象一个这些化妆品都不存在的时代。不过，我们每天清晨从化妆包里想当然地掏出的物件是在20世纪才被发明的，化妆品也直到20世纪才成为主流。在此之前，手工制作的颜料和霜膏与来路稍显不明（就算不至于完全危险）的秘方争奇斗艳。在过去的150年中，这些自制的偏方变身成为香奈儿的口红、妙巴黎（Bourjois）的腮红和美宝莲的假睫毛等消费者耳熟能详的产品。上述国际品牌的兴起意味着到20世纪中期，专属于少数特权阶级的化妆品成为大众消费品。不过，美容产业是如何成长为如今这个不断发展、充满创意的强势产业的呢?

化妆品的商业生产和工业制造于18世纪在时尚国度法国正式起航。从许多方面来看，化妆品都是所有奢侈品中最亲民的一类，一罐包装简单的胭脂或粉底的生产和销售成本低廉（和真丝连衣裙等不同），生活水平不及中上阶层的女性也承受得起。莫拉格・马丁在《贩卖美丽》一书中曾指出，这种可得性赋予了化妆品新的合理性。到了18世纪中期，医生们开始进行临床试验，撰写了不少关于“安全”成分的论著，并寻找养护而非摧毁皮肤的新一代彩妆。法国大革命的旋风刮过之后，化妆被视作“前朝遗风”，女性在公共场合是不被允许化浓妆的。

这种亲民的特质让原本专属于少数特权阶级的化妆品成了大众消费品。女性解放、工业革命和性革命让女性妆容和化妆包里的内容悄然改变。

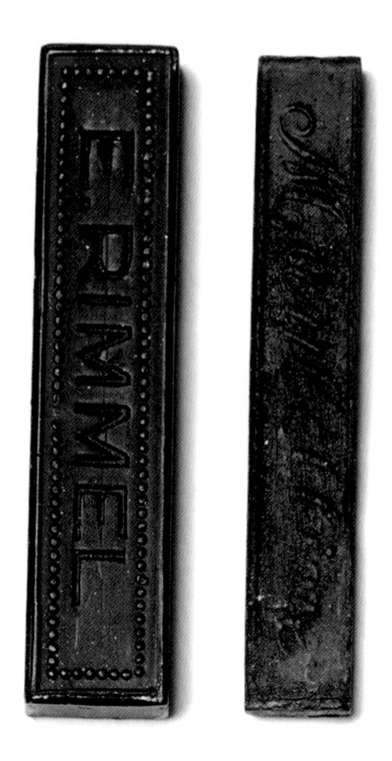

美宝莲首款睫毛膏 Lash-Brow-Ine 和芮谜（Rimmel）固体睫毛膏 Water Cosmetique 是最早获得大规模生产的睫毛膏，由膏体和类似牙刷的刷子这两个独立部分组成。

不管浓妆艳抹的社会和政治后果如何，女性渴望自我提升的欲望并没有消退，一种更加内敛的化妆风格呼之欲出，和以往的都不相同。在体现这种区别时，与科学相关的用词变得非常关键：人们喜欢用“健康”“自然”和“清洁”来形容这些化妆品，它们能够把任何一位女性“转变”成令人尊敬的美人。这还不是法国大革命之后发生的唯一变化。在此之前，上层社会的男性和女性都是粉底和胭脂的使用者，人们对男性化妆品的接受程度及其流行程度在此后再也无法恢复到之前的水平。也就是说，化妆品的销售针对着一个容量更小、目标客户更加集中的市场，他们的关注完全集中在女性身上。到19世纪初，美国和除法国以外的欧洲的化妆品依然是自行调制或秘密使用的，但是随着愈发精明、收入逐渐稳定的巴黎中产和工人阶级消费者开始购买商业化生产的化妆品，其他发达国家没过多久也都迎头赶上了。

社会变革与科技进步是将化妆品生产引向大规模生产的两大动力。随着人们的物质需求被大规模地满足，工业革命颠覆了对男性和女性生活和工作方式的认知。从城市到乡村的生活水平的提升，教育水平和大众文化程度的提高，以及我们之前谈论过的大众传媒的问世，都极大地影响了人们的生活方式。两次世界大战在社会变革方面也扮演了重要的角色，通过无法避免的社会变革侵蚀着性别和阶级的限制——这种变革一经发生便无法逆转（正如一些人期盼的那样）。尤其对女性而言，在一系列事件的共同影响之下，她们拥有了之前从未享有过的经济、政治和性方面的自主权，享受了20世纪两大里程碑式的福利：投票权和避孕药（分别于1960年和1961年在美国和英国出现）。所有的事情彼此关联：在这三项巨大的变革发展的同时，它们也影响着先进、迷人和全球化的美容行业的兴起。

最早的“必备品”

化妆品（makeup）这个词出现的历史并不长，最早是在戏剧界使用的，从动词词组“making up”演变而来。曾在1920年推出旗下首个全系列化妆品的蜜丝佛陀常被认为是推广这个词的功臣，它从此获得了广泛使用。

睫毛膏

对很多女性而言，睫毛膏是日常用品，是不可或缺的化妆单品。虽然在材质上与用了千年之久的眼线相差不大，但是现代的睫毛膏出现的时间并不长。

灯黑（将浅碟至于火焰之上提取的化合物）、煤粉、软木炭、灰烬和接骨木汁是历史上用来涂黑睫毛的自制混合物中的少数几例，睫毛膏商业化生产的发展可以追溯到由法国人亚森特·马尔斯·芮谜（Hyacinthe Mars Rimmel）创始的世界上最具代表性的英国化妆品牌芮谜。师从皮埃尔·弗朗索瓦·鲁宾（Pierre Francois Lubin）的芮谜是声名远扬的调香师，也是拿破仑的皇后约瑟芬御用的“鼻子”。芮谜于1834年离开巴黎，带着妻子和十几岁的儿子尤金（Eugène）来到伦敦专营高档商品的阿尔伯马尔街（Albemarle Street）共同经营商店，这家精品店很快成为伦敦贵妇们购买奢华又具创新的护肤品和香氛的目的地。

1842年，接管家族企业的尤金将芮谜带上了成功的高峰：未满30岁的他在美容行业创造了一系列突破，包括引入邮购目录、供女性在剧院使用的带香味的扇子和为1851年万国工业博览会设计的壮观的香水喷泉。

美宝莲创始人在看到妹妹梅布尔（Mabel）使用凡士林和软木炭的混合物刷睫毛后，用妹妹的名字为自己的产品命名。

不过真正帮助尤金·芮谜在美容行业赢得一席之地的是他在1860年的得意之作——第一款大规模制造的无毒睫毛膏Superfin。众所周知，女性在过去的几个世纪中曾使用过各式各样的制剂和油膏来染黑睫毛，但芮谜将煤灰和凡士林混合，制造出的小包装、便携式的睫毛膏具有革命性。虽然常常晕染，颜色持久度也不高，但这并不是阻碍Superfin红遍全欧洲的理由。“rimmel”和“rimel”在英文中成为睫毛膏的同义词，而在一些语言中更是完全指代了睫毛膏。

这张由曼·雷（Man Ray）拍摄的经典照片清晰地展示出20世纪30年代使用了睫毛膏后眼妆的形态。

芮谜继续致力于睫毛膏的创新，不断修改和改进Superfin，并最终推出Water Cosmetique。这款产品的原型问世时间更早，在戏剧界被称为“mascaro”，它最初是用来给胡子染色的（在性格演员和留胡子的男士中颇为流行），制法是将肥皂和色素混合后做成固态棒状，以水溶解后用刷子上色，用于遮盖灰白处或者补色。最终，经过改良的配方于1917年推向市场，成为首款只用于眼睫毛和眉毛的块状睫毛膏。

与此同时（1917年），大洋彼岸的纽约化学家T. L. 威廉姆斯（T. L. Williams，美宝莲创始人）也推出了块状的睫毛膏，取名为“Lash-Brow-Ine”，并将它描述成“第一款为每日使用而生产的化妆品”。根据广为流传的说法，威廉姆斯研制睫毛膏的灵感来源于妹妹梅布尔（Mabel，这也是公司名称“梅布尔实验室”的灵感来源，后更名为美宝莲），他曾目睹妹妹用凡士林和软木炭的混合物来加强睫毛。梅布尔应该是从诸多电影粉丝杂志中学到这个小窍门的，据说，威廉姆斯的睫毛膏让妹妹和前男友重修旧好，无论真假，这条传言都是绝佳的品牌故事！Lash-Brow-Ine最初只能通过邮购的形式购买（在杂志上做广告），但在巨大的市场需求的推动下，药店开始销售这款睫毛膏；而到了1932年，只要花上10美分就能买到在美国随处可见的睫毛膏套装。

新的涂抹工具和配方的出现让睫毛膏在60年代迎来了真正的春天。刷了一层又一层的睫毛膏和增加浓密感的假睫毛彰显着睫毛在五官中占据的主导地位。

上图：Marisa Bevenson

下图：Veruschka

当然，早在Lash-Brow-Ine睫毛膏问世之前，专业级睫毛膏就已经在无声电影中出现了。好莱坞彩妆师蜜丝佛陀打造了第一款专业级睫毛膏——品牌旗下用于睫毛的产品Cosmetic。蜡状的Cosmetic睫毛膏装在金属箔包裹的管子里，使用时需要切成薄片，置于火焰上溶解后用于睫毛处（能让睫毛变黑，但是会黏连成块）。毫无疑问，普通女性是无福消受这款产品的——黏稠的质地让Cosmetic在电影银幕上的效果极佳，但这种效果却无法在日常生活中呈现。

在威廉姆斯和蜜丝佛陀之后，彩色和防水的块状睫毛膏相继出现，不过睫毛膏的下一个项进步却花了更长的时间才得以完善。1958年，赫莲娜·鲁宾斯坦推出了Mascara-Matic睫毛膏，笔状的管身中插着一条可以取用黑色液体状睫毛膏的细长金属棒（底部刻出凹槽纹，形成“刷头”）。鲁宾斯坦的睫毛膏告别了将膏管和刷头分开放置的传统，让产品的用法及用量更为精准。有趣的是，来自美国芝加哥的弗兰克·L. 恩格尔（Frank L. Engel）在1939年曾为类似的某款产品申请了专利，或许是因为化妆品投资在第二次世界大战前夕并不是当务之急，产品一直没有投入生产。不知巧合与否，赫莲娜在恩格尔专利过期的时候推出了Mascara-Matic，让恩格尔错失商机。新款的睫毛膏和创新产品在Mascara-Matic走向市场后纷至沓来，不久后，由尼龙纤维制成的新型螺旋刷头出现了。在世界上使用新型刷头的睫毛膏产品中，最畅销的要数美宝莲于1960年推出的防水睫毛膏Ultra Lash和之后在1971年推出的防水睫毛膏Great Lash。睫毛膏在经历过80至90年代改变行业格局的创新后进入了一段相对平静的时期，下一个里程碑般的时刻发生在21世纪前10年的中期。富有创新精神的

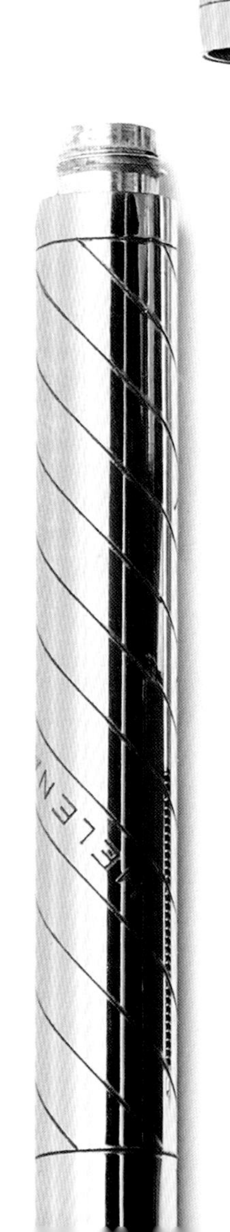

鲁宾斯坦1958年推出的Mascara-Matic是世界上第一款膏管和刷头一体的睫毛膏。

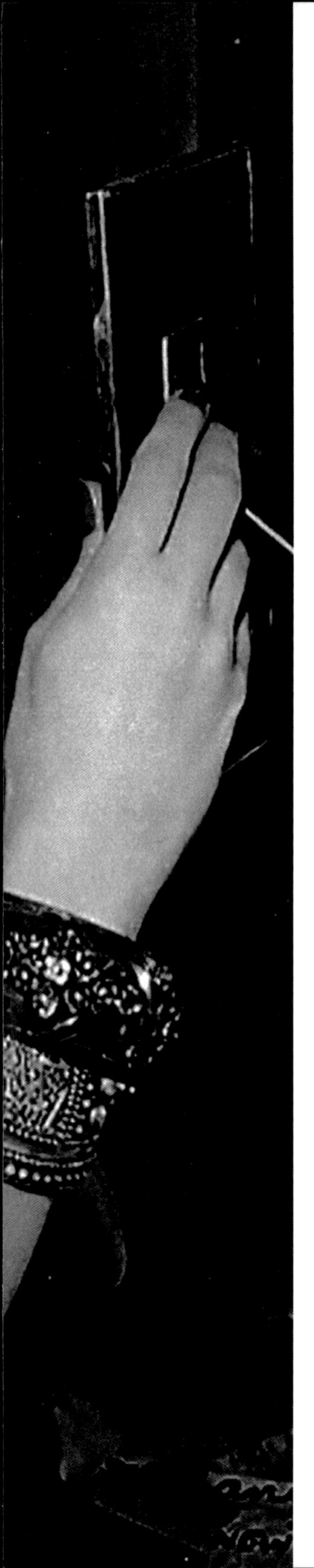

巡回演出的俄罗斯芭蕾舞团（Ballets Russes）对观众来说异常惊艳，舞蹈演员的眼妆如画作般鲜艳，其中不乏彩妆界负有盛名的人物，他们也与艺术家和时装设计师进行过不少合作创造。

刷子及外包装生产商、德国Geka公司开发出了一项专利技术Moltrusion，该技术由两个部分组成：一根钻有许多小孔的硬塑料棒，向棒中灌入另一种质地的膨胀性塑料，制成柔韧的塑料刷毛。这种刷毛非常适合用来梳理睫毛，在梳理的同时可以给睫毛穿上一层均匀的黑色外衣。Geka公司和宝洁公司合作，于2005年为彩妆品牌封面女郎（Cover Girl）和蜜丝佛陀生产了世界上首批采用模制成型刷头的睫毛膏。

我曾供职于多个品牌，因此可以负责任地告诉你，想要生产一款出色的睫毛膏，或是在这个领域创造出明星产品，需要付出巨大的努力，竞争也异常激烈。不过这一切都是值得的，睫毛膏是化妆品产业中销量最大、利润最高的单品，主要是因为绝大多数女性都会使用睫毛膏，而且比起其他使用寿命较长的化妆品（例如腮红），睫毛膏需要经常更换。过去，商家描述新品时的文案可谓天花乱坠，说自己的产品可以让睫毛的浓密度增加三倍，或是让睫毛长度翻上一番，直到最近，英国才有规范睫毛膏产品描述的政策出台。2007年，英国广告标准管理局（UK Advertising Standards Authority）收到了针对两款睫毛膏广告的大量投诉，消费者认为广告画面中明星的睫毛太过纤长，并非实际效果。于是该管理局制定了新规，要求美容产品广告商在广告中附带免责声明，说明是否通过使用假睫毛或编辑图像的方式人为加强了睫毛的效果。在最近几十年中，我们见识过弧形刷头睫毛膏，双头睫毛膏，加热、震动、颤动和旋转的睫毛膏，更不用说一些奇形怪状的管身、刷头和微管技术的发展。新款睫毛膏不断涌入市场，每年约有70多款睫毛膏新品摆上大型百货公司美妆区的货架。

用来打造出各式、多维眼妆的专业级多彩眼影盘实属当今化妆包里的标配，不过它面世的时间不算长，在 20 世纪 70 年代才开始流行。

眼影

我们在前文探究过广受欢迎的古埃及眼线的起源。和其他必备的化妆品相比，如今放在手袋里跟着我们东奔西走的三色眼影、四色眼影和多色眼影盘的历史就短得多了。古罗马人用灰末和藏红花给眼睑上色，古埃及人用孔雀石的提取物给眼皮抹上一层淡淡的绿色珠光，但是这些做法并未延续，事实上，彩色的眼影在近两千年内都与时尚无缘。

和大部分化妆品一样，剧院在向大众普及彩色眼妆的过程中扮演了重要的角色。尤其是俄罗斯芭蕾舞团及其令人着迷的舞蹈作品，深刻地影响了人们对色彩及其用途的认识。1909年的伦敦上演了由谢尔盖·佳吉列夫（Sergei Diaghilev）编导的芭蕾舞剧《天方夜谭》（*Scheherazade*），就是一个很好的例证。赫莲娜·鲁宾斯坦和伊丽莎白·雅顿都称得上是最具影响力女性，也是化妆品领域中勇于尝试的先锋。她们都曾写道，在《天方夜谭》舞剧上演期间，俄罗斯芭蕾舞团演员的眼妆给了自己灵感。1914年，伊丽莎白·雅顿把包括眼影在内的眼部彩妆引入她在美国的沙龙。然而，让这股潮流蔓延开来，使眼影成为女性手包中的常备之物还需要一段时间。考虑到当时的世界几乎停留在黑白阶段，彩色眼影发展缓慢就不足为奇了。直到19世纪20年代末，绝大多数电影、电影杂志和广告都还不是彩色的（美国稍后出现了彩色广告），而大概10年之后，特艺彩色技术（Technicolor）才开始被大规模采用。

当抹着浓浓眼影的“银幕毒妇”蒂达·巴拉活跃在好莱坞的电影里时，毋庸置疑，早期的彩色好莱坞电影在眼部彩妆的推广方面扮演了重要的角色。此外，正如我们在前文中提及的，异国风情之旅的兴起以及对埃及风的追捧也对此做出了不小的贡献。对“埃及风”的追捧在古埃及法老图坦卡蒙墓被发掘后达到顶峰，引发了“古埃及式眼妆热”。然而，彩色眼影、浓重的眼妆和烟熏妆并没有被立刻接受。想要洗清彩妆背负的污名，还需要一段时间。舞台和大银幕让眼睛更引人关注，但它们让人关注的也只有表演中的女演员和表演者的眼睛。此外，妖冶魅惑的妆容常常和暴露的服装以及道德败坏的角色形象搭配在一起，不禁让人把这样的妆容和会如此打扮的某类特定人群联系起来。

虽然彩色眼影在20世纪30年代已经出现，但那时都是单色眼影。美宝莲公司在30年代播出的一则广告（公司首次生产眼影一年之后）中这样描述它的四色眼影：“蓝色眼影能衬托出蓝色和灰色眼睛的魅力；棕色眼影能让淡褐色和棕色的眼睛更有神采；黑色眼影适合深棕色和蓝紫色的眼睛；绿色的眼影是百搭款，也是搭配晚礼服的最佳选择。”从这则广告中不难看出，眼影的使用都有高度固定的套路，也并不复杂——只需要和你的眼睛、头发和服饰相配。直到1949年至1950年的那个冬天，眼妆才开始正式得到时尚界的关注，眼影、眼线和睫毛膏是当时的焦点，绿色、蓝色和紫罗兰色的眼妆也突然跃入人们的视野（第二次世界大战后，人造珍珠开始被用在化妆品中，这一重大的技术进步让此成为可能）。

1950年2月，美国《生活》（*Life*）杂志曾为最新出现的眼部彩妆产品开辟了内容新颖、引人注目的专栏，并把眼影的出现称为“彩妆界继口红出现后最重要的新闻”。文章迫不及待地向读者宣告：“今年冬天从巴黎传来消息说，法国模特用夸张的眼影搭配日常上街时穿的服装，让美国化妆品行业意识到，开拓几乎仍是处女地的眼妆市场的机会已经悄然来临……一度抵制短发而后又妥协的好莱坞坚称把眼睛画得又大又圆会让潮流倒退50年，但是化妆品厂家却不以为然。回想当初，口红的使用也曾激起轩然大波，但是女性很快就感到，没涂口红就仿佛赤身裸体。所以在他们看来，眼影也会成为未来女性生活中不可或缺的单品。”在1950年推出Dreamy Eye眼部彩妆的化妆品商查尔斯·雷夫森一定和上述厂商的观点相同。眼影虽然已经面世，使用眼影的潮流传到普通女性中的速度可谓缓慢：理查德·科森（Richard Corson）注意到，1957年针对美国大学生的调查显示，绝大多数女生使用口红，但使用眼影的只占极少的一部分。虽然彩妆正受到越来越多人的欢迎，双色眼影（例如蓝色和绿色）也已经面市，不过这两个色块依旧是被分别使用的。色彩混搭的概念在很久之后才出现：在充斥着变革精神的60年代，人们才逐渐抛弃早已流行多时的“色彩协调”风格。

1962年，在电影《埃及艳后》拍摄期间，夸张的眼影开始真正地吸引大众的视线。伊丽莎白·泰勒当时正在经历和理查德·伯顿（Richard Burton）漫长的爱情纠葛中的第一段痛苦时光，狂热的记者紧盯着这对绯闻男女的一举一动。泰勒经常带着当天拍摄时的精致戏妆奔赴罗马的各大热门餐厅用餐，拍下的照片隔天就会登上所有八卦杂志的版面，浓艳的埃及式眼妆时尚（虽然是60年代的改良版）由此产生。露华浓紧跟潮流，甚至在1962年——也就是电影上映的前一年——就开始宣传三色眼影盘等用来打造埃及艳后风格妆容的化妆品。同年，蜜丝佛陀也推出了一款翠绿色的眼影Mermaid Eyes（“你见过最令人激动的眼妆”）和蓝色眼影Blue Mist Powder（“你的双眼将像嘴唇与脸颊一样获得惊艳的亚光效果”）。

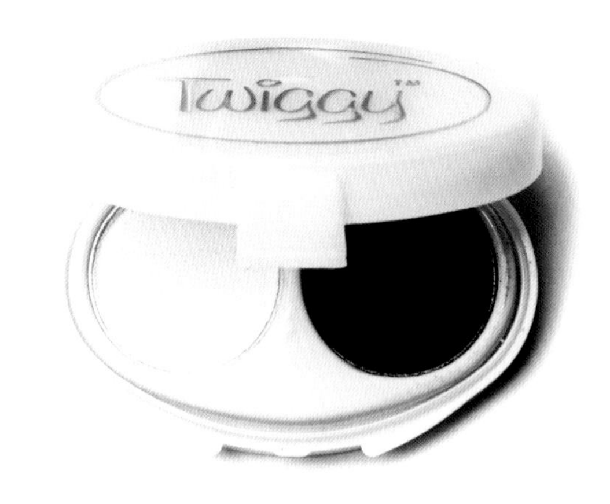

到60年代中期，随着女性获得进一步解放，关于化妆的陈规开始慢慢崩塌，彩色眼影遍地开花——从科蒂（Coty）推出的带有眼影刷的五色眼影，到化妆品牌Gala推出的Pick & Paint眼影盘（外形模仿画家使用的调色盘，内含四色眼影、一根眼线笔和两把眼影刷），都在鼓励消费者享受使用的快乐，不落俗套，另辟蹊径。英国化妆品牌雅德莉（Yadley）签约英国模特崔姬，让她为旗下在美销售的英伦复古风黑白眼妆系列产品代言（并把她的名字印在产品上）。70年代的彩妆市场见证了三色眼影的蜂拥而入，涌现了很多前所未有的色号。经历过50年代的艳俗单色眼影和60年代的线条感单色眼影后，眼妆在70年代发生了彻底的改变，暗色和大地色——带有哑光或珠光的黄褐色、棕色、金属色、栗色和像水果被撞瘀后的颜色成了精致眼妆的主流色调。眼影盘色调和质地种类的增加意味着明暗搭配和色彩叠加不仅成为可能，也成为必要。化妆师们呈现在杂志和广告中的作品也进一步带动了这种趋势的发展，受到启发的他们在充满眼妆惊喜的80年代创造出了更多“专业级”眼妆。从此以后，眼影迈入了复杂化和科技化的大门。如今，用眼影

“月亮型美甲”——如图中琼·克劳馥手上的这款指甲彩绘，将指甲顶端部分留白，其余部分涂上指甲油——被认为是 20 世纪 20 至 30 年代对全涂式美甲的经典替代。

来打高光、画阴影、塑型和勾勒轮廓，和用眼影上色一样重要。一盒单色眼影已经无法满足你的需求，你要叠加三种颜色！带上一点审美，花上一点心思，用眼影让小眼变大、让眼距由窄变宽已经是稀松平常的事。画好眼影离不开高超的技巧、持续的练习、质量过关的刷子和熟练的手法——美妆企业巴不得提供上千种眼影盘，供消费者选择。

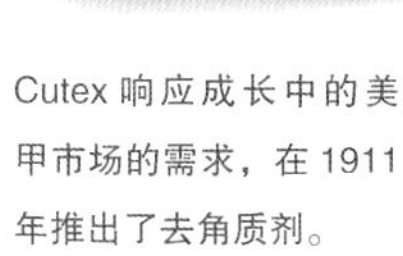
Cutex 响应成长中的美甲市场的需求，在 1911 年推出了去角质剂。

指甲油

受益于技术进步的腮红、眼线笔和其他化妆品随着时间的推移不断发展，产生的效果大致相同：突出眼睛并提亮脸部。指甲油则完全不同。和其他种类的化妆品不同，随着复合硝化纤维的问世，指甲油直到20世纪才走进我们的生活。指甲油虽然是现代产物，但在过去几千年中，指甲一直是爱美人士的焦点，当今纷繁复杂的美甲艺术可以追溯到历史上自制染色剂、漆贴和发展打磨抛光技术的时代。

最早的指甲颜料出现在古埃及，当地人用植物性的散沫花染料把指甲染成红色或橙色。彩色的指甲成了社会地位的象征，用胭脂虫（将甲虫碾碎后提炼出的染料）和其他类似的物质提炼出的深、暗色只是皇家和朝臣的专享。据说，奈费尔提蒂偏好宝石红的指甲颜色，而克利奥帕特拉七世的指甲染成了锈红色。古巴比伦也有指甲彩绘，他们认为精心保养的指甲是文明的标志，据说甚至连古巴比伦军人在奔赴沙场之前也会涂指甲（考古学家在乌尔的皇家陵墓发现了复杂的美甲套装）。在伊朗，散沫花染料不仅可以用来给指甲染色，男男女女还会用它来让头发强韧，并给须发染色，有时人们还会将石灰和铵盐加入散沫花染剂以加深图案的颜色。用散沫花在手脚上画出复杂的图案更是伊朗婚礼上必不可少的程序——这样的做法在今天的伊朗依然流行。在中国历史上，人们也会涂染指甲，每个朝代的流行色各不相同。周朝（约公元前600年）人偏爱银色和金色，而明朝时期以红黑两色为美，明朝人将蜂蜡、蛋清、明胶、植物染料、阿拉伯树胶混合后加入花瓣（碾碎后加入明矾）作为着色剂，对全部原料进行搅拌后制成基本的指甲油混合物敷在指甲上，几个小时后就可以干透。蔷薇色的指甲受到凯尔特人的青睐，他们将茜草根捣碎成糊后包裹住指甲，静置片刻后就能让指甲上附着一层红晕。

虽然指甲染料的历史悠久，但是在9世纪之前，文学作品中都鲜少提及它们。当时的人们用带有香味的红色植物油给指甲染色，再用麂皮抛光，让指甲闪亮动人。或许是用指甲吸引眼球的方式已经过时，抑或是手套的流行让涂染指甲变成累赘，维多利亚时期，指甲染料被再度打入冷宫。和当时压抑的社会气氛相匹配，人们偏好光泽度高而非涂染的指甲，他们把彩色粉末和霜膏的颜色揉进指甲中，再用软皮打磨直至发亮——这个做法延续至今。“美甲”（manicure）这个词实际上是该行业的从业人员发明的，如今我们称其为美甲师或是指甲技师。美甲起源于法国，当时的指甲美化艺术和今天的类似，包括修剪、擦亮和抛光。在19世纪的许多烹饪书中都可以找到制作指甲染料的配方。染料由美甲师调制，主要成分包括氧化锡、胭脂红染料、薰衣草和香柠檬油，用驼毛刷上色。到19世纪末和20世纪初，“指甲染色粉”逐渐上市售卖，Graf兄弟公司1871年推出的Hyglo指甲膏，以白色甲油、指缘软化液和指甲膏（粉色）组成套装出售。新上市的指甲产品收到了热烈的反馈，从1909年*VOGUE*美国版6月刊登载的一篇文章中可见一斑，文章用热切的语气评论道：“我带着哥伦布发现新大陆时的兴奋，向大家宣布在指甲油领域中的新发现。”1911年，Cutex公司在美国起家，生产去除指甲边缘角质的液体，但很快就把业务扩展至指甲膏、指甲漆贴和其他美甲产品领域。首个指甲油专利在1919年被审核通过，液体的指甲油随后出现。20世纪20年代，汽车行业的蓬勃发展让硝化纤维的应用开始普及，这种快干纤维能够让汽车喷漆在短时间内完成。与此同时，指甲油的使用也开始普及，虽然速度相对缓慢。指甲油和腮红一样，最初追求的都是“裸妆”效果。直到大约20世纪30年代，指甲油的颜色也只有浅粉色。1930年，法国贵族福西尼-吕桑热王子妃（Princess de Faucigny-Lucinge）给指甲涂上了一层深红色，从此引爆了一股潮流，让红色指甲成为潮品。30年代初，“月亮型美甲”的潮流当道：只在指甲中部涂抹色彩，指甲盖顶部和月白处均留白。

不过指甲油的大众化还需一位具有敏锐时尚判断力的伯乐才行：他就是露华浓的创始人查尔斯·雷夫森，被竞争对手赫莲娜·鲁宾斯坦讽刺地称作“卖指甲油的男人”。露华浓公司于1932年正式成立，很快就推出了和雷夫森之前销售过的产品相类似的指甲油产品。在雷夫森看来，指甲油的颜色和时装一样，公司在每个季度需要推出新的色号，就像时装公司每季会推出新款一样。

口红

加布里埃·香奈儿（Gabrielle Chanel）有云，“口红是女人最具诱惑力的武器”。在1933年的“美容指南”中，*VOGUE*美国版认为涂抹口红是20世纪最意义非凡的动作之一。

然而对生活在20世纪初的女性来说，涂抹口红这一举动通常被看作“道德上有缺陷”，而口红也被当作妓女和女演员的专利。口红正因此与女权运动结缘，1912年3月在纽约街头为女性权利而振臂高呼的女性都把嘴唇涂成了亮红色。虽然口红具有革命性意义，但女性在实际生活中却无法放心地把它装在手袋里东奔西走。1915年左右，口红开始被装在小圆筒状的金属容器中，解决了上述问题。位于美国康涅狄格州的斯科维尔制造公司（Scovill Manufacturing Company）在1915年冬天生产出了首个管状口红容器，滑动管身上的侧杆就可以让口红弹出。1923年，在此基础上稍有改动的口红容器在美国获得专利，只要旋转管身就可以将口红的膏体推出，而这样的旋转式口红随后演变出上百种花样。

在最受年轻女性欢迎的品牌中，排在首位的要数丹琪。公司曾夸口说口红的颜色随使用者

即便圆柱形的口红管成为口红的标配，美妆公司时常会优化设计，通过新的功能和更具创意的包装让自己的产品吸引消费者的注意力。

赫莲娜·鲁宾斯坦，20 世纪 30 年代早期：“精致”成为当时美妆界的热词，反映在当时尺寸精巧的口红上。

玛丽·匡特，1966 年：银黑两色的简洁塑料包装和早前华美的镀金包装风格迥异。

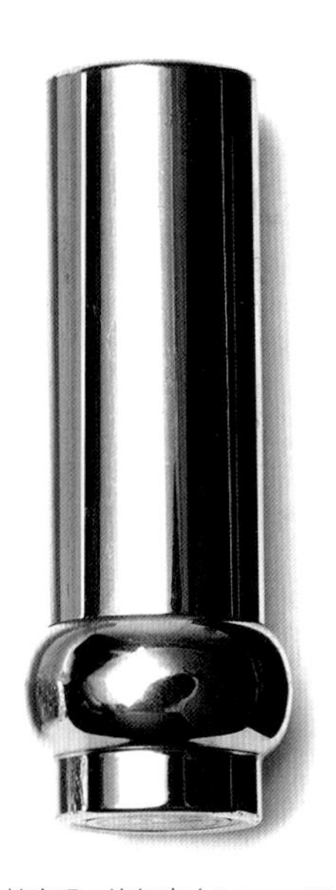

帕洛玛·毕加索（Paloma Picasso）的“Mon-Rouge”，20 世纪 80 年代：口红 10 年鼎盛发展时期的必备品——著名画家毕加索的女儿帕洛玛推出的包装华美的口红，只有一个红色色号。

SAVAGE,1936 年：不可擦的唇部染色口红在 20 世纪 20 至 30 年代非常流行。

雅芳（Avon），20 世纪 60 年代末和 70 年代初：雅芳让化妆品变得有趣且价格亲民，并帮助女性赚取收入。

Rouge Baiser, 1940 年：口红管中的机械装置让使用者可以充满魅力地单手涂抹：轻按螺旋纹杆打开顶盖，口红膏体向上滑出。

娇兰（Guerlain），20 世纪 40 年代：一件美物，只需轻拉流苏即可让顶盖移动，将膏体推出。

对着带镜粉盒修补唇妆这一充满魅力的举动已经成为一个重要的文化现象。

而变（虽然管内的口红呈橘色，产品也由此得名），因此比其他颜色艳俗的口红效果要自然许多。丹琪如此受欢迎，最关键的因素是价格低廉——只要大约10美分。正如历史学家玛德琳·马什（Madeleine Marsh）指出的：“无论在欧洲还是美国，你都可以在沃尔沃斯（Woolworths）百货店或是零售廉价商品的小店买到丹琪的口红。它们不再被藏在柜台下，你也不用请售货员帮你取货，这样的方式是破天荒的头一遭，它让口红变得触手可得，购买口红也不再令人生畏。”

早期的广告宣传让口红能够提升自然美的概念更加深入人心，这与当时社会对太过做作的妆容的反感不谋而合。女性在第二次世界大战的积极推动之下把嘴唇涂得红艳闪亮，以保持斗志。红色的口红是爱国主义的标志，展现出必胜的决心——这也反映在当时的口红名称中。事实上，在1942年曾试图终止口红生产的美国战时生产委员会（War Production Board）也一改之前的论调，宣布化妆品是“必要且关键”的。涂着口红和指甲油（并拥有强壮手臂）的铆钉女工萝西(Rosie the Riveter)成为一代女性战时的偶像。伊丽莎白·雅顿甚至还为美国海军陆战队女子预备队设计了一个化妆套装，其中的红色口红与预备队队员制服上的颜色相映成趣。

20世纪40年代末，美国化学家哈塞尔·毕晓普发明的“不褪色”口红成为口红行业中又一重大进步。毕晓普的长效持色口红大获成功，不过在露华浓面前却黯然失色。1940年，在总是具有先见之明的公司创始人查尔斯·雷夫森的一声令下，露华浓公司将业务从指甲油扩展到口红。雷夫森已经看到把指甲油颜色和口红颜色进行搭配的未来流行趋势，便借助声势浩大的色彩广告

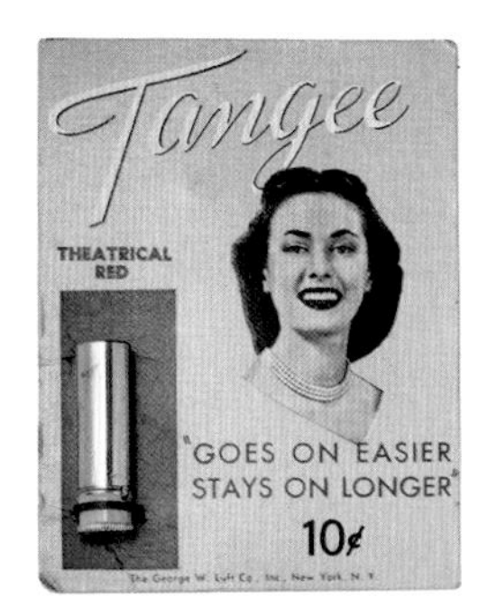

丹琪和伍德伯里（Woodbury）等平价口红的流行拉近了口红与消费者的距离。

宣传推出了口红产品，从中获取了高额的资金回报。1951年，露华浓发布新款口红产品Indelible-Creme，为毕晓普带去了不幸的消息——她的口红事业基本告终。

毫无疑问，20世纪50年代是口红的黄金时期，包装精美的口红配上精巧的粉饼盒就成了女性化妆包里随时可以用来补妆的必备品。新的创新还在不断涌现，Cutex公司1964年推出的有不同香味的口红就是一个著名的例子，这款产品针对的显然是不断扩张的青少年市场。不过在接下来的数十年里，眼妆开始占据大家的视线。到了20世纪90年代，唇彩的销量远远超过口红，甚至在一段时间以后，口红在年轻人眼里变成了过时的玩意儿。这样的趋势在近些年得以逆转；大众又重新聚焦口红那永恒的奢华和仪式感，许多高档品牌相继推出复古包装的复刻系列，将人带回那充满创新和华丽设计的已经逝去的年代。

腮红

作为我们化妆包里历史最悠久的单品，腮红在过去上千年中都扮演了化妆品里中流砥柱

的角色。正如我们所知，早期的腮红都是自制产品，含有动物、矿物和植物等各种各样的成分。直到腮红开始量产，它的色调和品种才逐渐丰富起来。

在此之前的19世纪，腮红有粉状、蜡油膏状和液态结晶状等多种形态，装在罐子、瓶子、纸质或锡箔小册子或是织物中。不同种类的胭脂名称也各不相同：含有红花甙的腮红通常叫红花腮红（Rouge de Carthame），或者植物腮红（Rouge Vegetal），色彩更鲜艳的腮红可能叫戏剧腮红（Rouge de Theatre），妙巴黎和莱希纳在19世纪60年代早期曾生产过轻薄戏剧腮红，不过妙巴黎随后将品名改为“为美人制造的特别商品”。美妆产品的亲民化意味着你不论有多少预算，总能找到一款你负担得起的腮红。无论是1830年巴黎圣马丁大街的精品店中出售的5~85法郎的腮红，还是妙巴黎的小罐粉状腮红，都冲破了剧院的局限，走向了大众市场。

压缩块状腮红在20世纪20年代的流行意味着一系列包装时髦的腮红（和粉底）涌入了市场。腮红在历史上从未过时，20世纪也见证了腮红的不断改进，这段时间出现了人工合成的红色素，色号也日益增加。即便如此，“美黑”的流行意味着腮红并没有像其他随潮流而动的化妆单品一样，实现爆炸性的发展。话虽如此，腮红在20世纪70年末和80年代重拾大众的尊重与喜爱，以刷成带状的浓艳腮红为最时尚，不过当时腮红的配方和19世纪的差别并不大。无论是令人兴奋的全新配方还是新颖包装，腮红的种类到20世纪90年代时都得到了极大的丰富，重回流行的历史巅峰。腮红依旧是每个女性手袋中离不开的单品，大概没有其他化妆品能像腮红一样，轻轻一抹，就会带来年轻的好气色。

颜色、价格和成分的多样选择让腮红成为近一百年中化妆包里永不过时的必备单品。

粉饼和粉底

即便是在维多利亚时期，偷偷用点粉饼也是会被宽恕的，所以粉饼在20世纪能够成为女性手袋中的常客也不足为奇。随着使用粉饼的次数越来越多，她们发现，东奔西走的时候少不了用它来补妆。虽然女性常常把散粉带在身边（通常装在小盒子里或密封在一件首饰中），并尽量把散粉盒做得时尚美观，但总觉得不理想，而散粉容易从容器中散落也是一个问题。20世纪20年代生产并广为流行的经过特别设计、压制紧密的粉饼（和上妆用的粉扑）带来了解决方案。“扑粉底的房间”在20世纪末成了指代女士洗手间的委婉语，从这一点就不难看出粉饼的广受欢迎。

Maddening Hues
FOR LIPS AND CHEEKS
NEW KIND OF LIPSTICK . . . NEW KIND OF ROUGE, WORK MIRACLES IN RED
Maddening hues, yes! Colors that thrill, taunt and tempt! Truly enough (and you'll know it the instant you try them) such rapturous, wicked reds have never been used in lipstick or rouge before. But there's more reason than that for the soul-stirring madness so generously imparted by SAVAGE Lipstick and the new SAVAGE Rouge.
SAVAGE Lipstick works differently from ordinary lipstick. Its gorgeous color separates from the cosmetic a moment or two after application to become an actual part of the skin. Wipe the cosmetic away and see your lips . . . teasingly, savagely red . . . but without the usual discouraging pastiness. Imagine a lipstick like that! Better yet, experience its magic on your own lips. One or more of the four luscious SAVAGE shades is sure to be exactly yours.
SAVAGE Rouge . . . an utterly new kind of dry rouge . . . so much finer in texture than any other that it blends right into the skin itself . . . to stay, with full color intensity, throughout the exciting hours it invites . . . instead of quickly fading away as ordinary rouge does. You'll love it, and the shades are identical to those of SAVAGE Lipstick so that your cheeks and lips will be a thrilling, perfect symphony of maddening, meaningful red.
Then . . . SAVAGE Face Powder
And what a different face powder this is; so fine, so soft, so smooth . . . and so surprisingly different in the results it gives. Apply it, and it seems to vanish . . . but the skin-shine, too, has gone. Imagine it! Everything you want from powder, but no "powdered" look; just caressing, soft smoothness that is a feast for eyes and a tingle for finger tips it makes so eager. Four lovely shades.
20¢ AT ALL TEN CENT STORES
TANGERINE · FLAME
NATURAL · BLUSH
Savage Cream Rouge . . . for lips and cheeks
NATURAL (Flesh)
BEIGE
RACHEL
RACHEL (Extra Dark)
SAVAGE

供大众使用的腮红在19世纪的巴黎开始量产，不过直到20世纪才开始得到广泛使用。图片按顺时针方向：Leichner（1904），Dorin（1922），Ware Brothers（1914），Oxzyn（1911），Coty（1936）。

到20世纪30年代，美国在售的粉底种类多得惊人——约有3000种。粉饼的日渐流行离不开科技的进步，化妆品公司能够生产更多色号的粉饼，从粉色、自然色到小麦色。宜人的香味同样关键，许多品牌会生产和旗下知名香水配套的粉饼，比如娇兰的“一千零一夜”（Shalimar）粉饼就散发着同名香水的香气。

和许多其他化妆品的发展历程一样，粉底也起源于戏剧。用更加细腻、不会在镜头前开裂的化妆油彩代替化妆油彩棒的正是蜜丝佛陀，其产品于1914年问世。蜜丝佛陀通过调制不同的颜色来进一步完善这项新发明，以搭配不同的肤色（非常有帮助），并下足功夫设计出适合彩色印片技术的全新产品。不过直到1937年，随着蜜丝佛陀推出需要用湿海绵上妆、霜膏质地的Pan-Cake铁盘粉饼，粉底才真正迎来了春天：它不仅成为当时如火如荼的电影行业最钟爱的产品，也成功走进了大众市场，克劳黛·考尔白等明星在广告中向消费者承诺，Pan-Cake将打造出“全新的可爱面容……遮盖细小的缺憾”，并可以做到“数小时”不脱妆。1948年，Pan-Cake的姐妹版、旋转式棒状Pan-Stick正式推出：非常适合放在手包里随时补妆，不过当时的粉底大多是在化妆台前使用的，而非手包里的必需品（1950年的一则广告中展示了5种不同色号的粉底——其中两种是“令人兴奋的小麦色”）。直到20世纪60年代，蜜丝佛陀Ultra-Light等质地更为轻薄的底妆产品才开始流行。如今，粉底已经成为化妆包里必不可少的单品，从粉状、液态、霜膏、饼状到喷雾，形态多样，过去的20年更是见证了粉底配方的革新（主要是因为硅的应用）。如今的粉底妆感可谓前所未有的轻薄和自然。

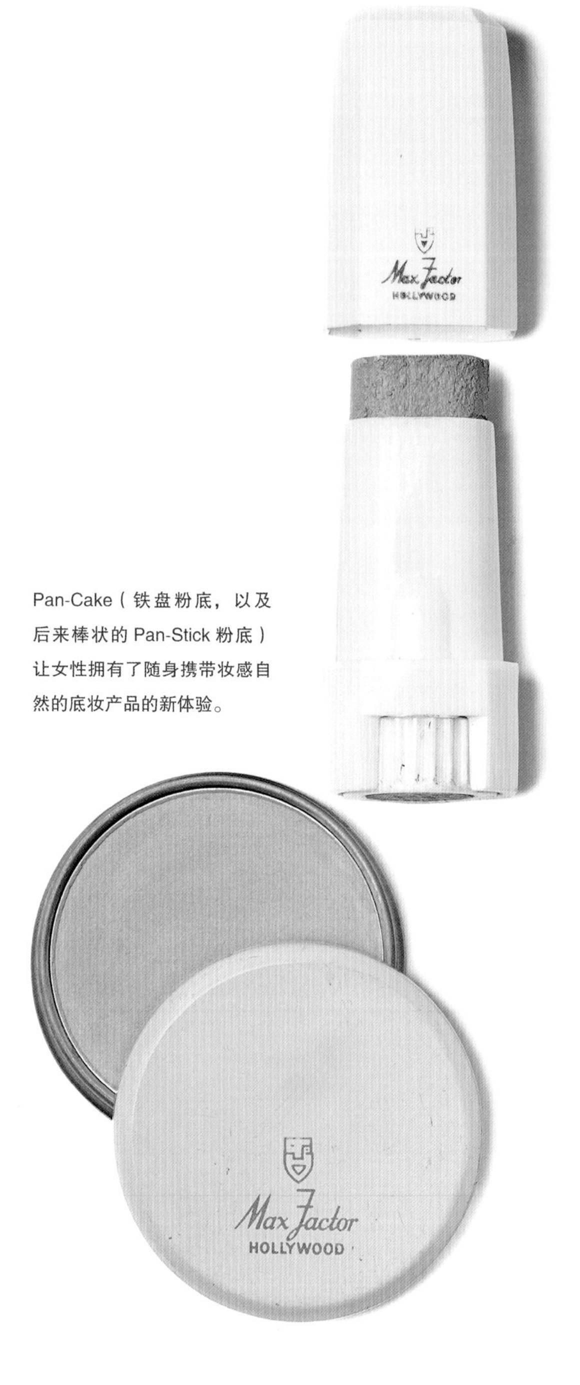

Pan-Cake（铁盘粉底，以及后来棒状的Pan-Stick粉底）让女性拥有了随身携带妆感自然的底妆产品的新体验。

Pan-cake粉饼在赢得大众市场的热烈欢迎之前仅限好莱坞使用。这是第一款不干裂、易推开、不易脱妆的面向消费者的粉底产品。

古铜色系化妆品

我们在前文中已经看到，苍白的肌肤在过去几个世纪的欧洲和远东都是财富、年轻、美貌和生活富足（无须在烈日下劳作）的同义词，所以人们能逐渐发展出对古铜色肌肤和拥有这种被太阳热吻过的皮肤的渴望，真是一次不小的转变。加布里埃·香奈儿在偶然享受“过量”的阳光之后掀起了以日晒肌为美的时尚，潮流席卷了法国南部度假胜地里维埃拉的海岸。香奈儿的朋友让-路易·德·福西尼-吕桑热王子（Prince Jean-Louis de Faucigny-Lucinge）曾如此总结：“我觉得她或许是日光浴的发明者。在当时，她是流行的制造者。”对香奈儿而言，美丽的皮肤是健康、透亮的肌肤，这种和旧观念的告别（再见，铅元素）让人如沐春风。

这也意味着她支持一切被陈腐的规矩所摒弃的事物——比如宽松舒适的衣物、运动和享受阳光。香奈儿在这种理念的影响下于1929年推出了首个护肤品系列，其中就包括可以让女性享受日光浴的日晒油L'Huile Tan。

潮流有时也因实际需求而生，第二次世界大战时期尼龙丝袜的短缺（丝袜于1941年被禁止生产）成为腿部彩绘日渐流行的催化剂。精打细算的女性使用茶包甚至是调味汁粉（再用眼线笔画出如同长袜绣边的痕迹）来给腿部上色，创造出穿着丝袜的视觉效果。不过这样的努力到头来可能就是一场空，尤其是遇上下雨天时。当时甚至还出现了腿绘俱乐部，比如1914年位于英国伦敦克罗伊登的裸腿美容吧。不过这场盛宴的参与者不只有自给自足的群众：绝不错失任何机会的露华浓在第二次世界大战期间推出一款名为Leg Silk的产品，类似如今可将皮肤涂成古铜色的美黑产品。

1929年，*VOGUE*美国版曾刊登过题为“妆出‘日晒肌’”（*Making Up to Tan*）的早期文章，大众态度的转变从可见一斑。文章告诉读者，将日常使用的化妆品和刚流行开来的日晒肌完美搭配非常关键：“你一旦拥有了褐色的肌肤，也就肩负起购买一套全新的化妆品的重任……为了满足不断出现的需求，丰富多样的美黑化妆品应运而生。”和热衷使用色素喷雾剂让皮肤看起来有如自然晒黑的当今社会不同，文章的作者解释说，“皮肤仿黑”实际上上不了台面：“*VOGUE*一直认为，如果没有真经历过日晒的皮肤做基础，仿黑化妆品即矫揉造作又品味不高，用在化装舞会这样的场合还算情有可

战时的从简包装

1935年被正式推向市场的著名粉底 Air Spun 奠定了科蒂在行业内的领军地位。和其他化妆品相比，装粉底的盒和罐时常要“抛头露面”，这也能够解释它的外包装风格为何如此多样，女人们的炫耀也让粉底盒成了社会地位的象征。因为第二次世界大战时的需要，商品的外包装一切从简；不论是香奈儿还是科蒂，所有化妆品牌都重拾朴素的纸板包装。粉扑也成了稀缺商品——妙巴黎的粉盒里塞着一张向顾客解释“因战争限制，粉扑短缺”的字条。不过战后，特别是20世纪50年代，设计新颖、华丽的粉饼盒层出不穷，不少西方女性会把它们装进手袋，以便随时随地补妆。

第二次世界大战期间，华丽的化妆品外包装被简化成最基本的纸盒包装。

第二次世界大战并没有抑制女性把自己打扮得魅力四射的欲望，她们对最爱的腮红和粉底的需求也居高不下。

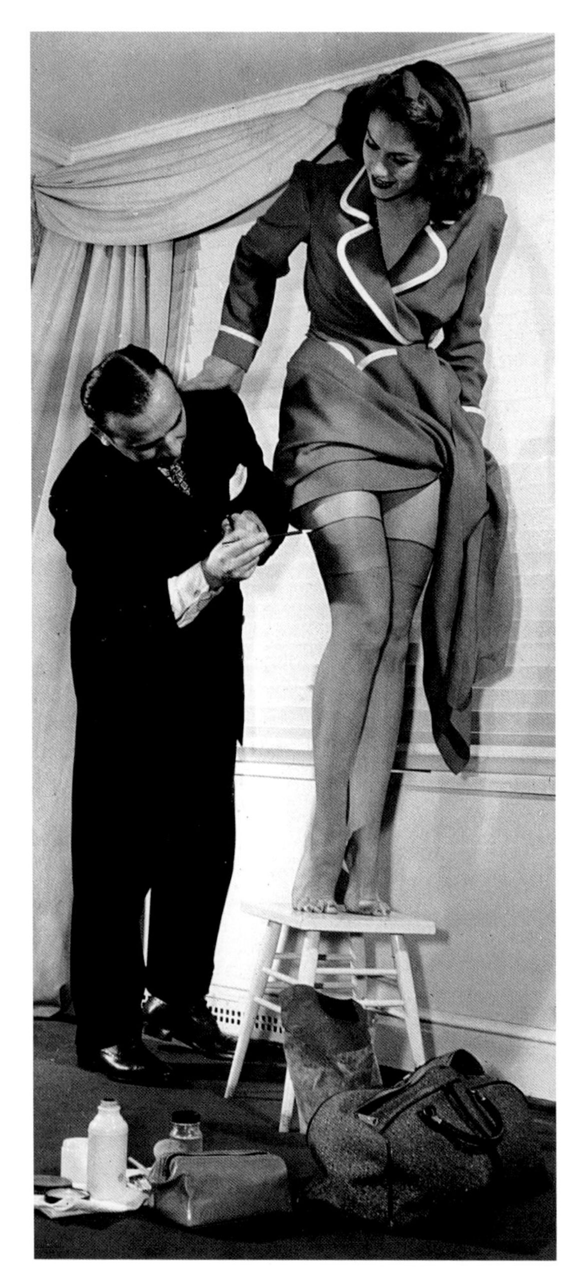

原……”此外，使用什么样的化妆品来衬托你自然美黑的肌肤也是关注的重点：色号和新肤色相搭配的粉底（文章说这些产品已经有售）、橘色系的腮红和口红。唯一能够妥协的似乎只有腿部仿黑，因为“男性一直都是女性腿部形态最苛刻的批评者，直言不讳地评论说‘没有经过修饰的裸腿毫无美感可言’”。

如今，太阳会给皮肤造成损伤的知识的普及让人工美黑成为新常态，人工美黑的市场也在不断提高和发展：据报道，2010年全球自助美黑产品的销量达到了5.3亿美元，而随着众多满足不同需求的产品的面市，这个数字将只增不减。

最初的品牌

20世纪绝大多数的化妆品牌（前几章中的先锋人物除外）几乎都是从下面五处发源的：剧院、香氛工作室、时装店、化妆品工厂以及最晚出现的一种——希望和女性分享专业技能的独立化妆师们。

戏剧用化妆品

化妆品和演员的关系可谓河同水密，因此，剧院为我们如今使用的化妆品的发展做出了巨大的贡献，也就不足为奇了。生产戏剧用化妆品的公司通常由在剧院工作或钟情戏剧、希望化妆颜料更为丰富的先驱们创立，比如下文中的三个品牌。这些在初期只打算提供舞台用化妆品的品牌，却通过演员、大众传媒和戏剧节目中的宣传快速地进入了大众市场。

上图：使用化妆品营造出穿着丝袜的视觉效果的做法在战时非常流行。当时尼龙材料非常短缺，首要供应降落伞的生产。

对页图：用来美黑肌肤的日光浴在20世纪20年代的欧洲首先开始流行，特制的化妆品于30年代开始销售，来衬托古铜肤色。

8
EUROPE
North America
AFRICA
FLY
B·O·A·C
AUSTRALASIA
SOUTH AMERICA
ASIA
ABC 2
DEF 3
GHI 4
JKL 5
MNO 6
PRS 7
TUV 8
WXY 9
Z OPERATOR 0
1

妙巴黎

乔塞夫-亚伯·彭桑（Joseph-Albert Ponsin）是法国巴黎剧院区的一名演员，他对同行们在上台前使用的通用化妆油彩棒并不满意。于是，他在1863年告别表演事业，在作家大仲马（Alexandre Dumas）的资助下开启了彩妆事业，他从提亮肤色用的化妆品起家，很快将产品扩展到包括腮红在内的其他化妆品。在香水等感兴趣的领域开设多家公司的彭桑最后力不从心，便在1867年雇用了职业经理人亚历山大-拿破仑·布尔茹瓦（Alexandre-Napoleon Bourjois）。资金周转遇到问题的彭桑在1868年把彩妆公司卖给布尔茹瓦，品牌也因此改名为妙巴黎。1879年，布尔茹瓦创造出公司最畅销的粉底Java Rice。这款有四个色号（白色、粉色、自然色和卡其色）的粉底香味幽然，“上妆后持久服帖，让肌肤细腻光滑、娇艳动人，绽放年轻光彩”。到1900年，该款粉底的年销售量突破了200万，成为世界各地女性的化妆台上不可缺少的单品——印在盒底的广告被翻译成英语、意大利语、西班牙语、德语和俄语。布尔茹瓦去世后，公司真正迈开了国际扩张的脚步。布尔茹瓦的遗孀在丈夫去世后的5年中接过了经营公司的重任，直到1898年公司被埃内斯特·韦尔泰梅（Ernest Wertheimer）收购，美国子公司相继成立。如今，每年有将近600万个装在小圆罐里的妙巴黎粉底被销往超过100多个国家。

莱希纳

棒状化妆油彩是化妆品史上的重大发明，在19世纪末的剧院里非常流行。其发明人路德维格·莱希纳（Ludwig Leichner）拥有化学专业背景，是瓦格纳歌剧的专业歌唱家，他于1873年在柏林创立了商业化妆品公司。作为一名药剂学专业学生，路德维格知道如何对油脂和蜡进行配比，来制作发乳和发油，所以他在发明化妆油彩时很可能套用了相似的配方。不过他制造出的油彩覆盖力强，色彩浓度高，遇到汗水不易脱妆。化妆油彩有一系列色号，并使用数字和色号一一对应，易于识别（数字1代表最浅的色号，数字4据说代表“适合扮演士兵、水手、农户等角色时使用的暗红色”，数字3适合“女侍应”的扮演者），油彩棒有长粗款和短细款（打造精细妆容时使用）两种尺寸。

歌剧魅影

戏剧用化妆品原创品牌之一歌剧魅影（Kryolan）创立于20世纪40年代的柏林，是目前为数不多的保留“戏剧”基因的品牌。化学专业出身的品牌创始人阿诺德·朗格尔（Arnold Langer）把自己对科学和艺术的热爱合二为一，开发出戏剧用彩妆系列。2007年，歌剧魅影成为首个为戏剧演员提供全系列、种类繁多的化妆品的品牌；此外，绝大多数营造电影特效和修补术的产品也来自歌剧魅影。在众多化妆品企业里，歌剧魅影的特点在于它不会让旗下任何一种色彩

20 世纪 40 至 50 年代是设计新颖的粉盒的黄金时代。

按顺时针方向：Wadsworth 的 8 Ball 粉盒，Volupte 的 Gay Nineties Mitt 粉盒，Kigu 的 Flying Saucer 粉盒，萨尔瓦多·达利（Salvador Dali）为夏帕瑞丽（Schiaparelli）设计的电话拨盘粉盒，和英国海外航空公司（BOAC）的Mascot Suitcase 粉盒。

本页图：虽是以戏剧用化妆品供应商起家，但随着大众对化妆品的逐步接受，妙巴黎走向了全球市场，成为梳妆台上魅力四射的必备品。

对页图：1929 年，西班牙品牌 Perfumeria 一款散粉的广告。

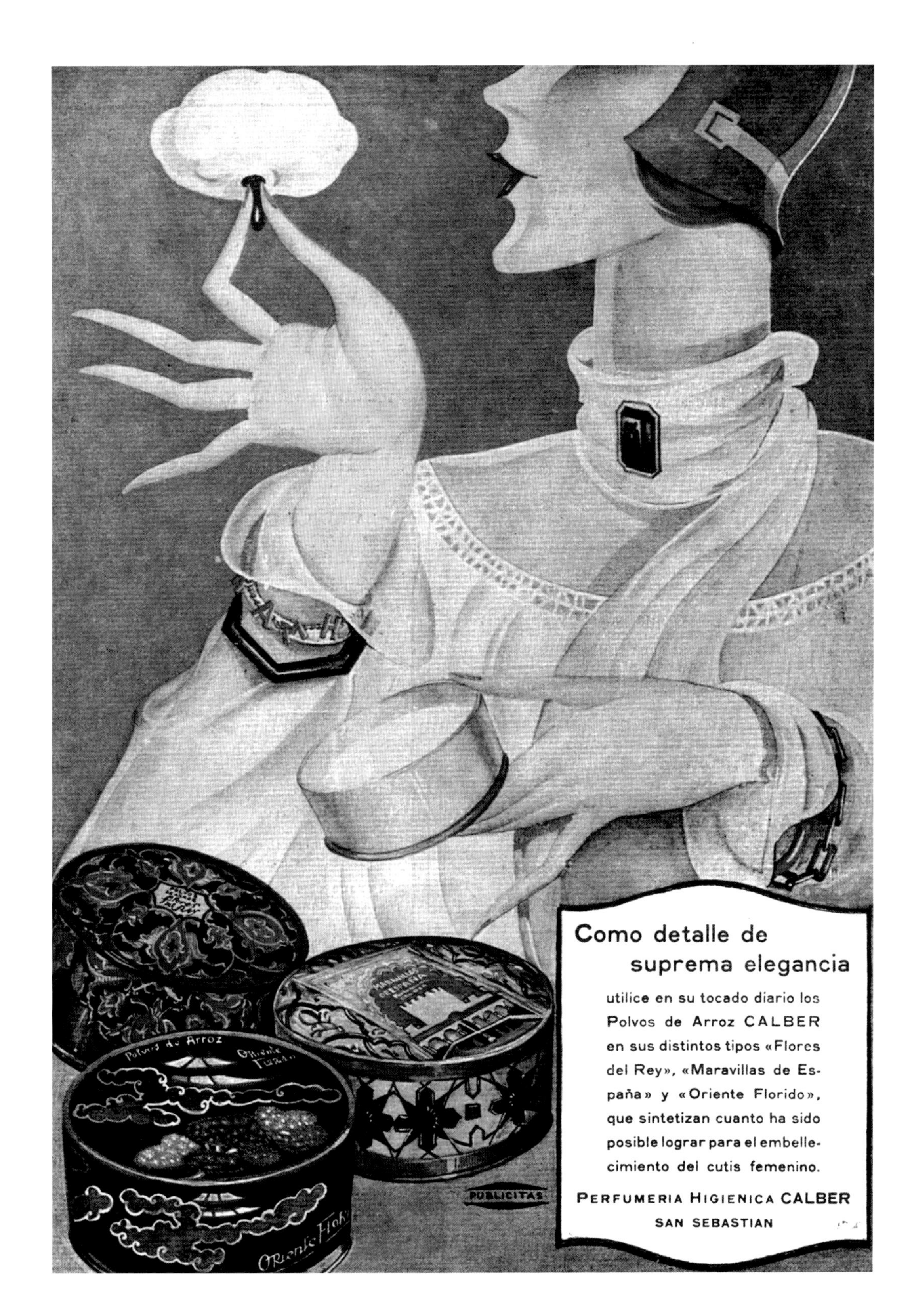
Polvos de Arroz
Oriente Florido
Oriente Florido
PUBLICITAS
Como detalle de
suprema elegancia
utilice en su tocado diario los
Polvos de Arroz CALBER
en sus distintos tipos «Flores
del Rey», «Maravillas de España» y «Oriente Florido»,
que sintetizan cuanto ha sido
posible lograr para el embellecimiento del cutis femenino.
PERFUMERIA HIGIENICA CALBER
SAN SEBASTIAN

Shalimar Powder..
Soft Veil of Warm Youth
for Lovely Cheeks

Thrice artful is the Shalimar Powder of Guerlain. The tint for you is so marvelously blended that your skin blooms afresh at its touch . . . its texture is so soft, so flattering that even in the glare of day the years seem to melt away . . . and it clings through the hours with a constancy that you will adore. Scented with the fragrance of Shalimar, it is the ultimate touch of elegance in the art of perfect make-up. At all the smarter shops in six marvelously perfect skin shades.

- *Now $1.75 including tax.*

Shalimar Perfume $13.75 and $27.50.

- *Imported in original French packages holding considerably more powder than the usual face powder box.*

PARFUMEUR
PARIS

Advertisement of Guerlain's Shalimar Powder appearing in a select list of consumer publications

绝迹——如果有人打电话来问在1950年的某部歌剧中使用的某种色号，公司依然保有原始的配方，可以为其重新生产，哪怕只是一瓶两瓶。

香水业巨头

我们已经了解了芮谜公司的崛起，这个从香水小铺起家的公司如今扩张为睫毛膏和化妆品的帝国，但芮谜并不是唯一从香水业转行投身化妆品行业的公司。下面三家全球巨头都用亲身经历告诉我们，从香水到化妆品的转型并不新奇。

娇兰

娇兰品牌由皮埃尔-弗朗索瓦-帕斯卡·娇兰（Pierre-Francois-Pascal Guerlain）创立于1828年，是世界上历史最悠久的香水制造商之一。娇兰公司是名副其实的家族企业，娇兰领着两个儿子一起调制香氛。他曾为王公贵族定制了多款专属香氛产品，其中包括拿破仑三世的妻子、法国皇后欧仁妮（这为他赢得了皇家御用香水师的荣耀头衔）、英国女王维多利亚、西班牙女王伊莎贝拉二世和沙皇亚历山大三世。1857年，娇兰研制出肌肤美白产品Blanc de Perle后，公司很快进军化妆品行业。1924年，公司推出了唇膏Rouge d'Enfer，并随后于1939年在香榭丽舍大道68号店内开办了一家美容学院。全球第一款现代古铜系列化妆品Terracotta系列于1984年推出，并在T台上大获成功，成为风靡一时的经典产品。在第五代继承者手中，娇兰公司被法国的酩悦·轩尼诗-路易·威登集团（LVMH）收购。

科蒂

弗朗索瓦·科蒂（Francois Coty）原名约瑟夫·玛丽·弗朗索瓦·斯波托尔诺（Joseph Marie Francois Spoturno），于1904年在法国巴黎创立同名公司。在此之前，他在法国小镇格拉斯学习调香。科蒂的理念与赫莲娜·鲁宾斯坦的截然不同，他认为“要给女性提供最好的产品，把它装在既有简约之美，又不失高雅品味的华美瓶罐中销售，再定一个合理的价格”。1908年，科蒂在巴黎开设店铺，并委托兼具珠宝商身份的设计师雷内·莱俪（René Lalique）为他的香水设计香水瓶，这一做法在当时绝对称得上是新奇之举。虽然科蒂继续为王公贵族定制香水，但他的最终目的是实现量产，让包装精致的香水成为普罗大

对页图：娇兰把旗下粉底打造成必备化妆单品，粉底香气馥郁，继承了品牌高贵的香氛血统。

上图：1873年，莱希纳创造出的化妆油彩，在此后50年间成为演员离不开的化妆品。

众消费得起的奢侈品。科蒂和莱俪大获成功之后，开始开拓国际市场，相继在纽约和伦敦开设了子公司。科蒂公司于1914年推出了第一款化妆品——粉底，但真正让科蒂在化妆品界站稳脚跟的却是1935年推出的Air-Spun粉饼。粉饼的包装由杰出艺术家、舞美设计家莱昂·巴克斯特（Leon Brakst，为俄罗斯芭蕾舞团提供的设计让他名声大噪）设计而成，两年之后推出了配套的腮红。除了在市场上最亮眼、最受欢迎的外包装外，这款粉饼用“空气研磨”工艺取代了机器研磨，确保了粉饼的颗粒更加细腻、均匀，上妆后柔滑亲肤，这将它与当时绝大多数质地略带颗粒感的粉饼区别开来。科蒂于1934年去世，但他的家族秉持着公司创始之初的理念继续经营公司。1996年，科蒂公司收购芮谜，并于1999年将芮谜品牌打入美国市场。最近，也就是2014年，科蒂把妙巴黎品牌介绍给了美国消费者。科蒂公司是制造高贵、平价香氛的业内佼佼者。

科蒂十分了解优秀设计的力量，他委托著名的艺术家、舞美设计、插画家和画家为产品设计亮眼出众，激发消费者购物欲的外包装。

兰蔻

阿曼达·珀蒂让（Armand Petitjean）曾供职于科蒂公司的管理层，1935年离开东家成立兰蔻时还挖走了一批员工。Lancôme这个名字源自法国的兰可思姆城堡（Chateau de Lancosme）。同年，公司推出首款产品——Kypre、Tendres、Nuits、Bocages、Conquête和Tropiques这六款以不同大洲为主题的香氛，迅速获得成功，随后在1936推出护肤霜Nutrix，之后又推出散发玫瑰香气的唇膏Rose de France。珀蒂让出色的审美体现在兰蔻化妆品昂贵精致的包装上，比如镀金或镀银、可使用替换装的口红管。不幸的是，这种奢华优雅的包装到60年代左右开始过气，廉价又活泼的塑料包装成为新时尚。1964年，公司被欧莱雅收购，成为欧莱雅旗下众多品牌中的一员。1988年被公司任命为CEO的林赛·欧文-琼斯（Lindsay Owen-Jones）爵士重塑了兰蔻凝聚法式优雅精华的高端奢侈美容品牌的形象，签下女演员伊莎贝拉·罗塞里尼（Isabella Rossellini）为品牌代言人（这是美容品牌史上的首位官方形象大使），将广告费用提高至三倍。这一系列举措带来了销量的巨大回馈，1983到1988年间，兰蔻在美国的销量增长了30%。如今的兰蔻已经成为全球最著名的彩妆品牌之一，它依然使用着灵感取自兰可思姆城堡废墟周围玫瑰花的玫瑰商标。兰蔻以护肤产品、睫毛膏和粉底最为出名，同样令人印象深刻的，还有那些性格坚强、风采各异并带给人无限灵感的女性代言人。

时装店

时装店不仅仅是新时尚的开创者，决定着我们下一季衣柜中的服饰，也引领着彩妆、护肤品和香氛的潮流走向。香奈儿和迪奥这样的知名公司敢于生产大胆、前沿的商品，它们开创的风格慢慢地渗透进大众的生活。彩妆、护肤品和香氛都是公司业务中极其重要的部分：一支口红或是一盒眼影就能让普通大众享受奢侈品牌的魅力——不然，这些品牌只是一个遥不可及的梦。

20世纪30年代的一则广告向我们展示出科蒂在精美产品包装上的独门秘诀。

香奈儿

在改变大众对彩妆的认知方面，原名加布里埃的可可·香奈儿做出的贡献超越了任何一位时尚先锋。香奈儿在1924年首次推出了彩妆系列，此时距她时装店的开张已过去10年，而距离她首个护肤产品系列的上市还有5年。在香奈儿看来，彩妆的真正目的“不是用来修饰面容，而是让女性更加美丽动人，这个目的一旦实现，脸庞自然尽显年轻”。香奈儿喜爱红色口红，自用的口红都是特别定制款；她还会往涂完口红的嘴唇上扫些许散粉，这能让口红持久显色、红艳动人（名为Rouge de Chanel的该色号在1974年得以再次生产）。第一支Rouge de Chanel出现在1924上市的首个彩妆系列中，躺在镶着黑边、带着铜制小滑杆的象牙白口红管中。香奈儿研发口红产品的脚步没有停止，又在1954年推出了质地细腻柔滑的棒状唇彩，口红的矩形管身完全复制了香奈儿经典的No.5香水喷瓶的瓶身。直到今天，你还能在香奈儿经典的菱格纹2.55包里看到为这款口红缝制的皮质暗格。印着双C商标的单色包装不仅是香奈儿化妆品的关键组成部分，也是时尚品牌推广战略中最早的案例之一，这样的包装至今备受推崇。在香奈儿旗下众多产品中，近年来在美容圈里名声大噪、独领风骚的当属指甲油。香奈儿在1972年推出了首个指甲油系列Vernis（1995年更名为Le Vernis），不过成就一代经典名作并为品牌开创先河，使这一品牌成为发掘每季必备指甲油色彩之圣地的却是在1994年上市、由多米尼克·蒙库蒂（Dominique Moncourtis）和海迪·摩哈维兹（Heidi Morawetz）担任创意指导的Rouge Noir指甲油——乌玛·瑟曼（Uma Thurman）出演昆

兰蔻的历代创新和产品包装。

汀·塔伦蒂诺（Quentin Tarantino）执导的电影《低俗小说》（*Pulp Fiction*）时就曾使用。

迪奥

虽然成立于1946年，但是迪奥（Dior）直到1950年，也就是克里斯蒂安·迪奥（Christian Dior）创立著名的“新风貌”女装品牌（New Look，将全新的版型带进时装界）的两年后才开始生产彩妆。迪奥的“新风貌”赢得了全世界时尚编辑的心，尤其是美国《时尚芭莎》（*Harper's Bazaar*）的主编卡梅尔·斯诺（Carmel Snow）。吊足了所有人胃口的红裙让红色成了品牌的象征——迪奥小红裙也成了公司内部的传统。这也就不难理解，迪奥最早为什么是凭借着口红闯荡彩妆江湖的。

公司档案中的一份文件显示，迪奥在1950年2月生产了350支限量版口红——但这些口红是用于销售还是作为礼物送给特殊顾客的就不得而知了。不过首个口红全系产品Rouge Dior历经三年打造，以9000支、8个色号的阵势于1953年面市。

聪明的迪奥为Rouge Dior设计了两个不同的版本：一个版本的口红用塑料制的方尖碑进行完美的呈现，流露出极度的颓废感，适合放在梳妆台上；而另一版适合放在手袋里的口红装在时尚、简洁的金属管中。两个版本的口红都可以使用替换装。特殊顾客可以收到装在特别设计的包装盒中的梳妆台版的口红——迪奥的档案中就记载着他为他的特别顾客范德比尔特夫人（Mrs. Vanderbilt）亲手设计的盒子！

克里斯蒂安·迪奥知道还有一块市场亟待开发，他针对的正是那些望“高级定制”而兴叹的人群。用公司品牌文化及遗产经理弗雷德里克·

上图：独一无二的 Rouge Noir 指甲油。

下图：香奈儿经典的化妆品系列完美地展现出可可·香奈儿不会被时间磨灭的时尚风格。

克里斯蒂安·迪奥的首款口红Rouge Dior于1953年正式发售，共有两个版本：第一个版本时髦、简洁，适合装在手袋中；第二版本的管身是极度华丽的方尖碑，适合被放在梳妆台上。

波德里尔（Frederic Bourdelier）的话来说，“如果你穿不起迪奥，也至少要把你的笑容‘穿’在身上”。

1955年的迪奥口红拥有了更多的色号——非常摩登和活泼的橙色系和粉色系，到1959年时，迪奥的口红有包括灰红色在内的共18个色号。迪奥的首款粉底也于1959年推出，艺术装饰风格的外包装时尚、简洁，额外提供个性化镌刻服务，成为奢侈化妆品牌之最。虽然粉底在迪奥离世两年后才面市，他不曾见到最终的设计，但他生前一直积极地推动粉底产品的研制，参与了很多早期工作。

迪奥是首家推出一系列指甲油产品的欧洲高级时装公司，在1962年年初就发售了指甲油产品（引发热潮的护甲霜Crème Abricot于1963年推出），让顾客能够对指甲和嘴唇的颜色进行搭配。从彩妆广告的历史文档中不难看出，在20世纪50年代中后期，口红已经销遍全球，在澳大利亚、肯尼亚、丹麦、南非、安哥拉等许多国家都有售。

顺应时局而动的迪奥在1956年推出了面向年轻顾客群体，风格更为少女、清新的Ultra Dior系列，该系列采用塑料包装，并和之前针对更为传统的（没那么年轻的）顾客的Rouge Dior一同销售。迪奥彩妆在异彩纷呈的60年代末开始趋向保守，所以公司在1967年决定雇用富有变革精神、年仅24岁的法国化妆师塞尔日·芦丹氏（Serge Lutens）来为彩妆生产线注入新的活力。

随即，公司在1969年推出与摄影师盖·伯丁（Guy Bourdin）的现代视觉作品搭配的全新系列产品，其中包括单色眼影、啫喱眼影和粉底。不过其中的块状睫毛膏在当时看来颇为复古老式，让人感到有些奇怪。公司逐渐开始推陈出新，发售了包括Diormatic睫毛膏和四色眼影（1973年）在内的产品和令人惊艳的暗紫色系和深棕色系等新色号，这对当时的品牌而言是一个重大突破。因为他人无法完整地呈现自己的想法，塞尔日·芦丹氏从1973年起开始亲自操刀拍摄和造型方面的工作，并在未公开的情况下聘请安杰丽卡·休斯顿作为化妆品的模特。

迪奥本有意进入俄罗斯市场，但因冷战等各种原因，计划最终流产，这个故事说来有趣，但并不广为人知。不过，以莫斯科为大本营的苏联电影行业曾邀请迪奥开发一套产品。这是迪奥进入俄罗斯市场的唯一途径，他因此开发了舞台、电影和电视专用化妆品系列Visiora（包括人造血浆），并于1973年在苏联发售。

高昂的价格让这套化妆品除了用于电影行业之外，只在少数几家专卖店销售，这一点倒也不奇怪。

具有远见卓识的彩妆艺术家泰恩（Tyen）于1980年加入公司，在重新设计产品的同时也推出了蓝金相间的全新外包装，迪奥经典的5色眼影盘5-Couleurs也是他的杰作。

迪奥魅惑唇膏（Dior Addict）于2000年初开始发售，与惯例相反，这款唇膏的外形反而为2002年推出的香氛带来了灵感。如今，迪奥彩妆和高级时装秀密不可分。从1973年开始，迪奥每年都会为高级成衣时装秀生产两组限量版的时尚搭配。1988年和1989年这两年，迪奥每年推出四组限量版时尚搭配，如今这已成为圈内奢侈品牌的常态。

香奈儿和迪奥为出身高级时装公司的彩妆系列的全球成功之路打开了局面，其中包括圣罗兰（Yves Saint Laurent，1978）和纪梵希（Givenchy，1989）。汤姆·福特在2006年也成

知名插画家勒内·格鲁瓦（René Gruau）为奥迪 1953 年的这则广告创作了这幅插画。

为其中一员，历史悠久的意大利时尚品牌古驰（Gucci）也于最近加入行列。

化妆品巨头

这些跨国公司从小本生意起家，前身通常是制作肥皂的家庭式作坊，不过如今的它们却占据了美容行业的绝大部分江山，成为行业的主导者。之所以把如下公司放在一起评述，不仅仅是因为它们的规模相近，更是因为他们对于研发的专注和投入。

宝洁

宝洁公司成立于1837年，由亚历山大·诺里斯（Alexander Norris）和继子共同创立，如今已经成为业内巨头之一。宝洁公司从最不起眼的日常必需品——肥皂起家。实验室里的好运气成就了公司早期的成功：1879年，制作肥皂混合物的过程中的失误造就了可漂浮的象牙皂（这个名字让人想起《圣经·诗篇》中的语句，巧妙地迎合了西方对美丽、洁净的皮肤的追求）；在实验配方时又发生了另一个令人愉悦（同时也利润丰厚）的意外，而Crisco起酥油的发明就是这次意外的结果。1924年，宝洁成立市场研究部门——最早的市场研究部门之一——收集了关于受访者生活习惯的海量信息。事实证明，这样的举措对公司发展及取得市场主导地位至关重要。多年以来，公司收购了大量生产香氛和美容美发产品的公司，包括1991年的蜜丝佛陀。

博姿

如今在英国家喻户晓的高街连锁药房品牌博姿最早是约翰·布茨（John Boots）1849年在诺丁汉成立的一家草药药房。这家在请不起医生看病的拮据的工人阶级中看似很有市场的店铺，直到1871年他的儿子杰西（Jesse）接管时仍旧生意平平。杰西坚守着公司成立时的初衷，坚持大批量采购商品，以比竞争对手更低的价格销售的策略。对于把公司发展成为全连锁企业这一点，杰西有着清晰的计划：1890年，全英有10家博姿；到1914年则发展成为560家；而到了1930年（被美国联合制药公司收购以后——但后期被杰西的儿子重新购回），门店增长到了惊人的1000家。杰西在早期曾致力于丰富公司出售的产品和自有品牌的产品种类，秉持着杰西的精神，博姿在1935年推出了N°7彩妆系列产品，在1968年推出了针对年轻市场的化妆品牌Seventeen。N°7迅速成为在英国无人不知、无人不晓的品牌，英国女性的第一次化妆体验都离不开它。产品的包装在数年间也多次变化，从20世纪50年代蚀刻着金星的奢华喷金包装到如今时尚的黑色塑料包装。在全世界许多国家的商店中，你都可以买到N°7的化妆品，包括美国的塔吉特百货（Target）。2012年，美国药店业巨头沃尔格林（Walgreens）收购了公司的部分股份，目前已经完成了全面收购。新公司被命名为沃尔格林博姿联合公司（Walgreens Boots Alliance），总部将从诺丁汉迁往芝加哥，标志着一个时代的落幕。

欧莱雅

全球规模最大的化妆品公司欧莱雅的创始人欧仁·许勒尔（Eugène Schueller）的青年时光是在一边在父母的糕点店里帮忙，一边在索邦大学攻读化学中度过的。他身为助理药剂师，却对染发剂，尤其是生产染色效果持久的染发剂非常感兴趣。1907年，他为自己的染剂申请了专利，并在1908年成立了公司。当时恰逢染发剂迅速发展的良好时机：人们的发型发生了巨大的改变，女性剪了短发。许勒尔很早就意识到，利用“女人对衰老的恐惧心理”，就可以为自己的产品打开销路。欧莱雅早期的一则广告声称：“拒绝衰老——我用欧莱雅染发”——鉴于染发剂之前被认为是“行为随便的”女性的专属品（听起来有些耳熟吗），这也在某种程度上为染发剂塑造了正面形象。

许勒尔的继任者在1957年收购了护肤品公司薇姿（Vichy），并在10年后收购兰蔻，成功打入奢侈品和护肤品市场。秉持着拓展专业领域

对时尚、媒体和消费者的影响力正如他们笔下的妆容一样不可小觑。他们利用自己积累的化妆品实用知识以及市场上未被满足的需求，开始研发并使用新产品。蜜丝佛陀最早给女性的手袋里放进了适用的化妆品，不过将“化妆师个人品牌”带向炫目的国际高度的却是20世纪后半期的彩妆师们。

博姿N°7系列在1935年首次面世时采用了简单的银色包装，然而第二次世界大战的爆发令其全面停产。N°7于20世纪50年代重新上市时采用了灵感源自好莱坞、点缀着金色星星的新包装。

的理念，欧莱雅创建新的实验室来开发护肤产品、化妆品和香水的配方。公司如今拥有众多知名化妆品牌，包括美体小铺（Body Shop）、赫莲娜·鲁宾斯坦、兰蔻、美宝莲、衰败城市（Urban Decay）、植村秀（Shu Uemura）和圣罗兰美妆（YSL Beauté ）。

化妆师

许多品牌历经不断发展，或是后期被规模更大的集团所收购，但最初可能都是某一位天才的作品。化妆师早在古埃及时期就已经出现，他们

植村秀

1928年出生在日本东京的化妆师植村秀创建了早期个人品牌之一的植村秀，在好莱坞的工作业绩使得他在业内声名鹊起，尤其是他为出演1962年的电影《我与艺伎》（*My Geisha*）的女演员雪莉·麦克莱恩（Shirley MacLaine）打造的妆容，让雪莉看起来非常“日本”。1964年，植村秀返回日本，在东京创立了自己的化妆工作室植村秀化妆学院。三年后，他在日本推出首款油性洁面产品，并于次年成立日本化妆品股份有限公司（Japan Makeup Inc），直到后期才更名为植村秀。他对日式美丽独特而又现代的呈现让公司的产品在全球广受欢迎，在20世纪80年代末达到了流行的顶峰。一系列色彩鲜艳、富有艺术气息、独特别致的眼影、化妆工具（包括世界知名的睫毛夹）和颇具创意的假睫毛都放在极具日本风格的独特、简洁的包装盒里，让化妆品的销量激增。公司于2000年被欧莱雅收购，如今产品被销往18个国家。

魅可

化妆师兼摄影师弗兰克·托斯坎（Frank Toskan）和美发沙龙店主弗兰克·安杰洛（Frank

Angelo）于1984年在加拿大多伦多创立了魅可彩妆（Make-up Art Cosmetics，简称MAC）。魅可和业界前辈蜜丝佛陀一样，为新一代的彩妆师制造化妆品。在它出现之前，你在其他品牌中找不到魅可能提供的色号和质地的彩妆。我记得在刚入行的时候，我找遍了主流的化妆品牌，但都找不到拍摄时要用的化妆品，不得不求助舞台化妆品和美术用品店，混合调制出自己需要的东西——我时常把眉笔当作唇线笔，把遮瑕膏当作口红，把唇彩当作眼影。魅可了解化妆师真正的需求，知道化妆师和模特反复提及的化妆必需品会通过在后台采访的记者影响大众。

魅可创立不久后，加拿大超模琳达·伊万格丽斯塔（Linda Evangelista）就对魅可的棕色系Spice唇线笔赞赏有加，让品牌迅速蹿红，Spice唇线笔也成为1990年必买的彩妆单品，麦当娜（Madonna）就在“金发女郎野心勃勃”（Blonde Ambition）巡演中使用了魅可Russion Red口红。公司在其他领域也颇具创新精神，在1994年成立魅可艾滋病基金（MAC AIDS Fund）来支持携带艾滋病毒或受艾滋病影响的成人和儿童，并把Viva Glam口红的所有销售收入捐给基金。1998年，兰蔻收购魅可，魅可在保留专业级产品、工作坊和彩妆师折扣卡的同时成为完全面向消费者的彩妆品牌。公司为全球多个时装周赞助化妆品，不断强化品牌“在后台最受欢迎”的产品形象。虽然“基础彩妆”（底妆、大地色眼影和经典唇彩）占据了销量中的绝大多数份额，但是品牌以持续推出的限量版彩妆（多到数不过来）作为公关宣传的噱头来推高销量，保持品牌的流行度。

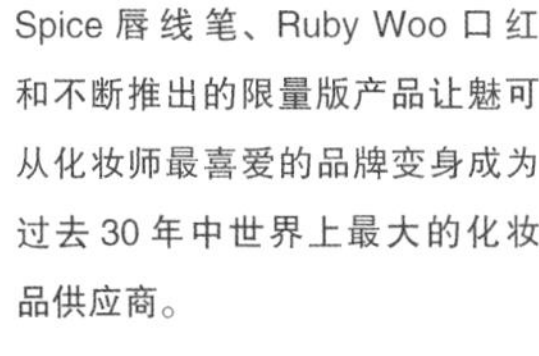

Spice 唇线笔、Ruby Woo 口红和不断推出的限量版产品让魅可从化妆师最喜爱的品牌变身成为过去 30 年中世界上最大的化妆品供应商。

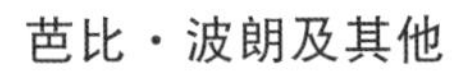

芭比·波朗及其他

从化妆师变身社会名流的第一人芭比·波朗1980年来到纽约，一年之后取得了戏剧化妆的学位。那时的妆容十分夸张，带着80年代生硬的轮廓线条和红

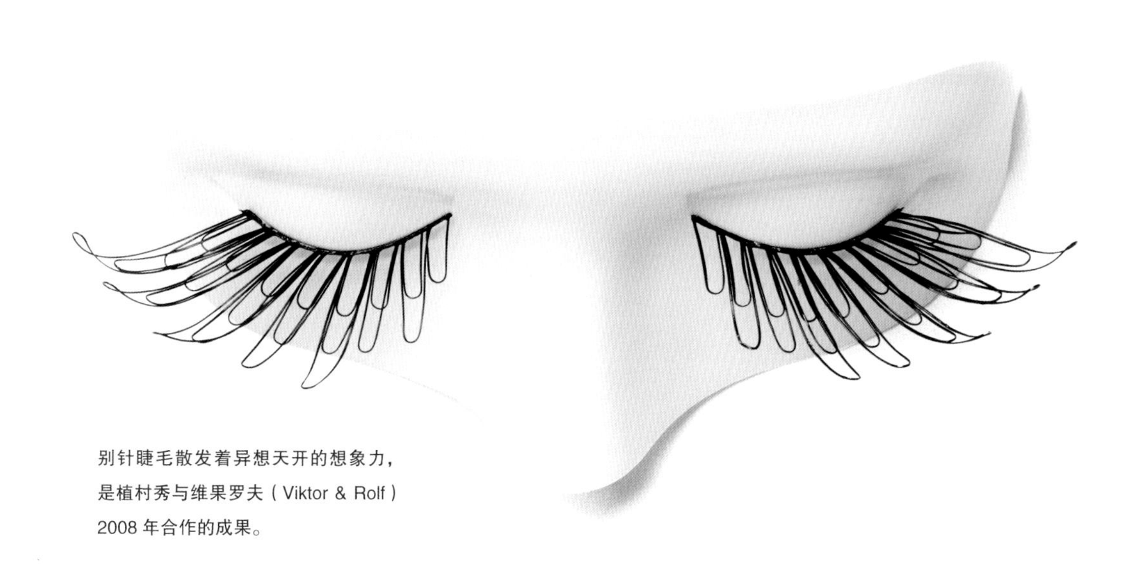

别针睫毛散发着异想天开的想象力，
是植村秀与维果罗夫（Viktor & Rolf）
2008 年合作的成果。

彤彤的嘴唇。和当时市场上的主流审美不同，波比更喜欢健康、自然的脸庞。

1988年，当时正忙于《小姐》（*Mademoiselle*）杂志拍摄工作的她来到了契尔氏（Kiehl's）药房，在那里遇见的一位化学家提出要为她制造她理想中的口红——柔滑、保湿、无味、颜色持久，最重要的是，口红颜色与人的嘴唇色泽相近。在接受《Inc.》杂志的采访时，芭比·波朗说："我当时想：'哇，如果我能做出10个色号，形成一个系列，我实在想不出女性还需要别的什么了。'"

芭比怀揣微薄的一万美金资本，和一个从事宣传工作的朋友罗莎琳德·兰蒂斯（Rosalind Landis）联手开创事业。要用区区一万美金在今天的商业社会闯荡，简直是天方夜谭。

我出席某次晚宴的时候，跟一位女性攀谈。"你是做什么工作的？"她问，"我是波道夫·古德曼百货公司（Bergdorf Goodman）的化妆品买手。"我向她提了我的口红，然后她说："我们得跟你下单。"他们之后又食言了，推脱说那个季度自己实在忙不过来。我记得在收到这条信息的时候，我的心一下子沉了。我当时正在为萨克斯百货公司拍摄照片，也对公司的创意总监和艺术总监说过我的口红新品，他们回答说："天哪，我们想要这些口红！"我给波道夫回了电话："收到这样的回复真是遗憾，不过也没关系，萨克斯百货也表达过想下订单。"十分钟后，波道夫就给我回了电话："啊哈，我们要定了你的口红系列。"其实，我根本没有跟萨克斯百货的相关负责人接洽过。现在我知道这就叫虚张声势。

"专业化妆师个人品牌"的光环让芭比·波

20 世纪后半期的化妆师们利用实践经验，
将“化妆师个人品牌”带向炫目的国际高度。

朗在市场上非常吃香，消费者们开始要求该品牌生产腮红、眼影、化妆笔等化妆品。1995年，雅诗兰黛收购了芭比·波朗。伦纳德·兰黛（Leonard Lauder）告诉芭比，她的化妆品在所有店铺里的销量都超过了雅诗兰黛的产品，所以他不得不收购她的公司！芭比·波朗也是第一个长期使用黑人模特并让她们以新娘的形象出现在大众面前的品牌之一。

芭比·波朗的成功为化妆师个人品牌开辟了一片新天地。翠丝·麦依（Trish McEvoy）在发现空白市场后，随即成立了以自己名字命名的公司，用户的口口相传让品牌名声大噪。做为一名身在70年代的化妆师，翠丝总是找不到心仪的高质量化妆刷，不得不去美术用品商店购买刷子，再把它们修剪成想要的形状。而彩妆品牌罗拉·玛斯亚（Laura Mercier）更像是商业灵感的产物，时任美国高端奢侈品商店尼曼百货（Neiman Marcus）执行副总裁的珍妮特·格维奇（Janet Gurwitch）瞄准了在市场上开辟另一个像芭比·波朗一样的彩妆品牌的机会，于是和法国化妆师罗拉·玛斯亚联手，在1996年成立了以后者名字命名的化妆品公司。法国彩妆大师弗朗索瓦·纳斯（Francois Nars）在1994年推出了首个时尚高雅的化妆品系列，用橡胶处理过的黑色包装创意十足。正如他自己所说：“我只是想利用25年的经验，开发一个实用的化妆品系列。”第一个名副其实的“名流”化妆师凯文·奥库安（Kevyn Aucoin）在出版多部帮助普通女性化出明星范的畅销书后，于2001年推出自己的彩妆系列。令人遗憾的是，他于次年逝世，无法亲眼见证品牌的发展。英国化妆师夏洛特·蒂尔伯里（Charlotte Tilbury）最近在英国和美国推出了自有品牌，不难看出，化妆师个人品牌正在蓬勃发展。

已离世的巨星级化妆师凯文·奥库安打造的 20 世纪 80 年代末、90 年代初的妆面。

崔姬

如果说有人以活泼好动、天真无邪的造型席卷了时尚圈，那这个人无疑是崔姬。原名莱斯莉·霍恩比（Lesley Hornby）的崔姬 1949 年出生于伦敦西北部的尼斯登，虽然因为身材瘦削而被嘲笑，她心中依然藏着一个模特梦。崔姬曾说过：“琼·施林普顿（Jean Shrimpton）是我的女神，我的墙上贴满了她的照片。”

崔姬在时尚明星发型师伦纳德（Leonard）的精心改造下留起了斜分的短发，头发染成了金色，摄影师巴里·拉泰甘（Barry Lategan）随后给她拍摄了一张面部特写照片，而这张照片开启了崔姬的时尚事业。《每日快报》（*Daily Express*）的时尚版记者发掘这张照片时曾评价说，她拥有“一张能够代表 1966 年的脸”。巴里·拉泰甘描述照片的拍摄过程时曾说：“一头短发、画出下眼睫毛的崔姬来到拍摄地点，坐在我的镜头前，让人感到非常惊艳。”在当时没有任何时尚化妆师的情况下，模特们在拍摄前要自己给自己化妆。从崔姬的第一批照片中可以看出，她的化妆技巧相当了得：眼线描画得堪称完美，妆容也颇具个人风格。浓重的眼线和接近肤色的唇彩（鉴于当时市场上的口红无法达到这样的效果，遮瑕霜或遮瑕棒就被用来让嘴唇显得苍白）透露出浓浓的 60 年代的英伦复古风。复杂的眼妆是妆面的重点，她在眼睑上涂白色或浅色的眼影，沿着上睫毛勾勒出黑色的眼线，再沿着眼眶勾勒线条，让眼睛显得又大又圆。崔姬和 60 年代中末期的其他人一样，都从 30 年代电影中荡妇的形象中获得了灵感，开始大量使用假睫毛——模特和时尚女郎同时佩戴三副（甚至四副）假睫毛来完成理想中的造型并不罕见。在皮肤上画出的下眼睫毛让崔姬的妆面与众不同。比芭的创始人芭芭拉·胡兰妮奇曾经告诉我，崔姬是当时这样做的第一人。下内眼线或是不画，或是用白色的眼线笔勾勒，进一步突显眼睛的大、圆和天真感。这可不是早上可以搞定的快手妆容，整个过程据说得花上一个半小时才能完成。

将“摇摆伦敦”展现得淋漓尽致的崔姬对那个年代的妆容产生了巨大的影响，也让亚德利（Yardley）生产的假睫毛系列在美国广为人知。亚德利于 1967 年推出了崔姬同款睫毛（“你认为什么成就了今天的崔姬？她的眼睛，对吧？”是当时的广告文案）和具有英伦复古气质的黑白两色眼影。

在崔姬的首次拍摄结束几周之后，《每日快报》用了两页的篇幅刊登照片。之后，16 岁的她离开学校，作为模特在世界各地奔波的繁忙日子接踵而来。直到 1970 年出演第一部由英国导演肯·罗素（Ken Russell）执导的电影《男朋友》（*The Boy Friend*）后，她才告别了全职模特的身份，开展演员、电视节目主持人和歌手的活动。

摄影： Richard Avedon

伊丽莎白·泰勒

她的美貌、紫罗兰色的眼睛和 8 次婚姻（其中包括和理查德·伯顿的 2 次）和演技一样著名，这就是 1932 年出生在英国伦敦的伊丽莎白·罗斯蒙德·泰勒（Elizabeth Rosemond Taylor）。父母都是美国人的泰勒拥有双重国籍，一家人在第二次世界大战爆发之前搬回美国，定居洛杉矶。

泰勒虽然起初并无意进入演艺圈，却在母亲萨拉（Sara）——萨拉在为婚姻和家庭牺牲演艺事业前曾是一名剧院的演员——的鼓励下渐渐燃起了表演的雄心壮志。泰勒成名的速度飞快，出演第一部电影作品《每分钟出生一个孩子》（*There's One Born Every Minute*）时年仅 9 岁。和其他初露锋芒的女演员不同，泰勒拒绝被电影公司塑造成他们理想中的形象，这在那个年代可不多见，部分原因要归功于她的家庭，据说泰勒的父亲拒绝让电影公司拔她的眉毛，用化妆品改变她的唇形，也不允许公司逼泰勒给鼻子整形！

当 9 岁的泰勒拍摄电影《灵犬莱西》（*Lassie Come Home*）的时候，合作的演员罗迪·麦克道尔（Roddy McDowall）曾说："电影开拍的第一天，剧组的人看了泰勒一眼就说：'把这个丫头从片场弄出去——眼妆太浓，睫毛膏太重。'泰勒被匆忙带走，他们用一块湿布揉擦她的眼睛，想卸掉睫毛膏。他们很快发现泰勒根本没有涂睫毛膏，而是比常人多长了一层睫毛。除了生来注定要成为银幕巨星的女孩外，谁还会有两层睫毛？"

当时许多在好莱坞演戏的当红女演员在一开始会向化妆师取经，然后自己化妆，因为没有人比她们自己更了解她们的脸。在那之后，她们渐渐掌握了主动权，能够自己决定自己的妆容，或者与化妆师合作。泰勒也是如此：虽然年纪稍长之后才开始化妆，她对化妆却有着浓厚的兴趣。2011 年和设计师迈克尔·科尔斯（Michael Kors）的一场采访中，泰勒描述了她经常给自己理发和化妆的场景。令人惊叹的是，化妆师阿尔贝托·德·罗西因为背部手术告假，泰勒甚至需要自己动手完成她最传奇的银幕形象"埃及艳后"的妆面。泰勒说她研究了阿尔贝托的手法和草图，按部就班地复制下来。据说，《埃及艳后》的剧组有一天要在凌晨拍摄有群众演员出演的镜头。按照工会的规定，化妆部门不能在凌晨工作，所以泰勒一个人承担了全部的化妆工作！

名人推出香水系列在如今可算稀松平常，不过在泰勒的年代由她首开先河，她也被称为"明星香水之母"。她的首款 Passion（激情）香氛于 1987 年推出，不过 White Diamonds（白钻）才是她最出名的作品（她对钻石的喜爱人尽皆知，如此命名恰如其分），这款香水于 1991 年和伊丽莎白·雅顿联合推出，在泰勒去世时市值 2 亿美元。

伊丽莎白·泰勒标志性的美丽成就了她时至今日的偶像地位和广泛的影响力：不论是在时尚、美容杂志中，还是初露头角的年轻女演员身上，都能看到她的印记。不过从另一个角度看，和过去的其他偶像一样，她与时下拼命向“普通”人靠拢的好莱坞女演员恰好相反，你永远不会看到她身着T恤衫和牛仔裤出现在公众视野中。到2011年享年79岁离世之前，她永远以电影明星的形象示人，妆容得体，发型整齐，永远以珠宝缀满全身。

格蕾丝·琼斯

她是20世纪70与80年代真正的标志性面孔，她不同寻常又硬朗强悍，雌雄同体的美丽至今仍激励着新一代的影星，她就是格蕾丝·琼斯（Grace Jones）。

1948年出生在牙买加西班牙城（Spanish Town）的格蕾丝和弟弟因为父母远在美国工作，而被祖父母抚养长大。1965年，12岁的她搬到纽约州的锡拉丘兹（Syracuse）和父母一同生活。搬到新的城市、适应周围的改变并不那么容易，据说琼斯跟着一个摩托车飞车党出走，来到了纽约城。

琼斯在70年代早期开始了模特工作，还算成功。虽然她评价说自己的牙买加风情在业内人士眼中并不讨喜，“模特只不过是个为付房租而做的过渡性工作”。到70年代末期，琼斯活跃在纽约各大迪斯科歌舞表演现场，也正是在臭名昭著的迪斯科歌舞厅54俱乐部（Studio 54）被发掘，拿下了小岛唱片（Island Records）的合约。在第一张唱片的宣传期中，她遇见了日后对她产生极大影响的法国摄影师让-保罗·古德（Jean-Paul Goude）。古德制作了专辑的封面和音乐录影带，为琼斯打造出用他的话来说“危险与美丽结合”的风格。到1989年，琼斯一共发行了9张专辑，受到主流音乐界的肯定。虽然做音乐更对她的胃口，琼斯在业余时间也为艺术大师安迪·沃霍尔（Andy Warhol）、涂鸦艺术家基斯·哈林（Keith Haring）——他曾在琼斯的身体上作画，并让罗伯特·梅普尔索普（Robert Mapplethorpe）为作品拍摄照片——和摄影师赫尔穆特·牛顿（Helmut Newton）的作品担任模特，并出演了包括《霸王神剑》（*Conan the Destroyer*）和007系列电影《雷霆杀机》（*A View to a Kill*）在内的电影作品。

2010年，当被问及是否为了看起来表里如一而刻意戴上了人格面具时，琼斯回答道：“并非如此。在我信奉宗教的家庭中，这种令人胆战心惊的形象属于握有权威的男性。他们的做法在前，而我下意识地开始模仿。他们真是太可怕了！”想要准确地描述琼斯的造型不太容易——得出这样的结论也在情理之中，因为对喜欢突破极限的人来说，它总是随着时间不断变化。总的来说，平头发型和大胆出位的妆容成了她的标志。尤其是腮红，她使用大量腮红来凸显她雕刻般立体感十足的五官。正如所有事业风生水起的明星一样，琼斯也有自己的名言：“我并非生来如此，但是我们都可以创造自己的命运。不管梦想是什么，我相信它终究会实现。”

第7章

彩妆最前沿

畅想未来

在过去的一百多年中，彩妆行业一直欣然接受科技的力量，并以不同于其他行业的方式将产品销售给女性。和诸多针对女性用户、宣传产品有效性和功能性的家居用品不同，化妆品自古以来就把用户带入了复杂的化学世界。现代化妆品在描述其成分的时候，都想当然地把所有的女性当作有机化学博士。

过去，化妆品的发展趋势会推动新科技的发展，如睫毛膏的发展史；而如今，基本上是科技成为先导，带动了化妆品的发展，各品牌在开发新产品时投入的资金可谓巨大。这样做显然是为了生产更好的产品，不过化妆品公司同样会把科技当作营销噱头，让市场营销部门以此为基础来推广新的趋势。展示出产品的独特之处是如今推广产品的唯一出路，比如，品牌会把“持色长达16个小时”作为某个全新口红系列的介绍语，但新的粉色色号绝对不是发售口红新品的理由，因为这个色号无所谓“新”，市场上已经有相同色号的产品了。从烟熏眼妆到古典红唇，化妆品的潮流似乎周而复始，所以创造潮流的产品需要和之前的同类产品有所区别和提升，这才是决定性的差异所在。

始终着眼于未来——站在技术和美学角度，化妆品行业一直热衷于借助科学的力量。

对我而言，20世纪珍珠加工技术的进步、化妆品级硅树脂的出现和效果持久且亲肤的配方的发展以难以置信的方式颠覆了化妆品行业。以一个化妆师的经验来看，这三大重要发展提高了上妆速度，把混合化妆品和补妆的时间减少了一半！我对未来创新的期待和兴趣丝毫不比我对化妆品历史的关心弱。我有幸担任几大主流化妆品牌的创意总监，这让我有机会和全球最好的实验室开展合作。这些实验室中涌动的创意让人大呼震惊——化妆品背后的科学中的想象力和独创性与成品中体现的创造力不相上下。

科技的脚步永不停歇

包括1934年合成亮片的工业技术在内，化妆品在过去的20年中经历了诸多重大发展。从天然材料到人工合成的转变不仅发生在亮片上，同样也出现在化妆品用颜料上。欧莱雅奢侈品实验室主管韦罗妮克·鲁利埃（Véronique Roulier）表示，他们使用的都是人工合成的颜料，其原因正是这类颜料的质量和纯度更容易控制。天然颜料性质不稳定，容易变色或者变质。换句话说，氧化铁颜料依然在使用中，只不过如今使用的是人工合成的氧化铁颜料——所以就某种程度而言，我们又回到了古埃及时期!

当年的亮片

早在旧石器时代，人们就在洞穴壁画中运用云母（mica，该矿石的名称很可能源自拉丁语micare，意为“闪烁”）来制造发光效果。和许多伟大的发明一样，一个失误成就了现代人造亮片微粒的生产技术，发明者乍看之下似乎跟该项发明没什么关系：亨利·鲁施曼（Henry Ruschmann）来自新泽西，是机械师和牧场主，他在1934年偶然发明了将彩色塑料切割成发亮的细小碎片的技术。亨利不知道自己到底创造出了何物，不过确信这个发现非同寻常。为了保护自己的发现，他成立了家族式的梅多布鲁克发明公司（Meadowbrook Inventions），公司至今还伫立在牧场的原址上。让人惊叹的是，这间公司至今仍然是全球最大的亮片生产厂家（更准确地说，公司的口号是“我们的亮片覆盖了全世界”）。

钻石和珍珠

在珍珠化妆品的传统生产工艺中，人们会使用天然云母（就是上文中提及的史前亮片）和鱼鳞。追求新奇有趣的化妆品的潮流让含有珍珠光泽感的产品在20世纪60年代开始流行，不过这类产品在当时并不复杂精致。

珍珠加工技术在过去20年中革命性的突破创造出了如今惊艳、微妙的效果，这从根本上改变了每一个化妆品种类。韦罗妮克·鲁利埃说“欧莱雅使用的化妆品颜料有20种，但珍珠却有1000多种”，成为珍珠重要性的有力佐证。能为所有化妆品增添特殊效果的珍珠超越了化妆品颜料，成为研发的重点。

在化妆品中使用珍珠，实际上是受到了汽车行业相关技术的启发（事实上，含有珠光的颜料依然是由汽车制造商提供的）。

汽车油漆在20世纪80年代经历了彻底的改革，拥有前所未见的厚度和光泽度的珠光油漆突然跃入我们的视野。

对透明人造珍珠的应用是告别天然云母的第一步，它们比天然珍珠体积更小、形状更统一，最重要的是它们的透明度可以创造出发光的效果，而正是这种透明的特性让光线可以穿过珍珠，使诸多产品呈现出细微的差别。人造珍珠出

黑暗中最耀眼的光芒

如今我们甚至都不敢想象有任何人会销售——更不用说购买——有放射性的口红和粉底，不过当玛丽·居里（Marie

Curie）和皮埃尔·居里（Pierre Curie）在1898年首次发现镭元素时，管控化妆新品安全或是确保它们在上市前经过检测的法案尚未施行。

居里夫妇取得的巨大科学突破改变了科学和医学的面貌，许多人认为镭是一种可以解决一切问题的神奇物质，所以它会被当作全新的神奇成分在化妆品中使用也毫不令人意外。

放射性化妆品在当时有两大供应商：位于伦敦的Radior公司和法国的Tho-Radia公司。Radior公司在1917年左右开始通过广告宣传产品，前来购买的人络绎不绝，博姿、哈洛德百货公司和塞尔弗里奇百货公司都在采购！对于想要那种放射性光芒的女性而言，选择可不少：粉底、腮红、晚霜和可以绑在脸上的薄垫。

Tho-Radia公司——公司名称是将钍（thorium）和镭（radium）合并而成——成立的时间略晚，创始人是药剂师亚历克西斯·穆萨利（Alexis Moussali）和可能并不存在的巴黎医生阿尔弗雷德·居里（和玛丽与皮埃尔没有关系）。公司的产品种类也非常丰富（包括口红和牙膏），并通过广告在美丽和科学之间建立起清晰的联系，这一点在宣称产品是“美丽的科学之道”的广告标语中可见一斑。

现之前的化妆品让形状较大、表面不平的金属颗粒附着在皮肤上，呈现的妆面略显粗糙（比如20世纪70年代的眼妆和高光产品）。

表面光滑、颗粒细小的人造珍珠因其散发出的柔和、闪耀的光泽，通常被用于高光、腮红和底妆产品中。

从化妆师的角度来看，高光的通常用途是打造微微的金属感，不过如今的高光效果非常自然，仿佛是皮肤由内而外散发出的真实、天然的光泽，杜绝了刻意的假面效果，让皮肤呈现年轻光泽。

之后又出现了由玻璃颗粒——硼硅酸盐玻璃——制成的珍珠。和人造透明珍珠一样，这类珍珠表面附着了颜料，不过其中的玻璃颗粒提高了它们的反光能力，使光线通过天然的棱镜折射出各种色彩。如果听起来有些复杂，你可以想象一下阳光照射下的枝形吊灯——原理和效果是一样的。

人造珍珠的发展此后步入了一个更为极致的阶段，人们用金属银或金的颜料涂抹在玻璃颗粒上，呈现出镜面效果，最常用于口红、眼影或眼线中。如果你曾经疑惑为什么你的眼影极具金属光泽，答案就在这里！

当今市面上的化妆品都能展现出无可挑剔的专业性——珍珠功不可没。这是一类经过修饰但不矫揉造作的妆容，肌肤光泽透亮，呈现几乎超现实的妆感。

迈入未来

通过医疗行业进入化妆品科技领域的硅树脂在过去数年中一直被用来制造内科手术器械的涂层，保证器械移动顺畅。如果你最近曾经走进百货商店，试用任意一件化妆品或是护肤产品，并感叹过产品令人惊讶的柔滑细腻的手感，不用说，里面一定含有化妆品级的硅树脂。

在过去近50年中，硅树脂一直都是口红配方和发展中不可或缺的成分。早期的口红的成分通常是植物类油脂（比如蓖麻油）、蜡和最重要的颜料（赋予口红颜色的成分）。这类古典口红最重要的特性是能够在不带来任何异样感的前提下为嘴唇增添色彩，不过在此之外并没有其他功能。另外，随着时间的推移，植物油会变质——如果你曾经闻过一支放置多年的口红，或许会注意到这种特殊的气味。

持久度高的化妆品的发展离不开硅树脂应用的普及——硅树脂极大地改善了口红的使用体验。从科学角度看，第一类明确的长效化妆产品应该是口红。那时是20世纪中期，溴代酸类染料开始被应用于口红的制造中。这些口红的功能和染料相似——在嘴唇上留下难以擦除的颜色，但一旦其中的保湿成分开始减少，就会让你的嘴唇异常干燥，像砂纸一般。

20世纪90年代，口红配方中新添加的成分带来了革命性的改变。新口红中仍然含有蜡和必需的颜料，不过新添加了在涂抹口红时就会蒸发的硅油。露华浓推出的Color Stay口红就是这类新式口红中的第一款。口红的持久度异常好，不过人们很快发现这款口红缺乏光泽、滋润度低，使用起来并不舒服（原因在于其中的蜡和颜料无法为嘴唇提供持续的保湿效果）。

硅树脂技术让口红更易上妆，能提高舒适感并延长显色时间。

口红的发展很快来到了第二个重要节点：宝洁公司旗下的蜜丝佛陀品牌在2000年左右推出了Lipfinity口红。Lipfinity的使用方法分为两步：先涂第一层由易挥发的硅树脂和聚合物组成的打底层，让颜色附着在嘴唇上；之后再涂光泽度高的第二层，这其中含有性质稳定的硅油——与打底层不相容意味着不会破坏口红的颜色或影响着色效果。此外，第二层不会挥发。硅油带来的好处还有不少：因为硅油的性质不黏腻，含有硅油的表层在使用者吃饭喝水时就不容易脱落，大大提高了持久度。

上图：玻璃珍珠技术为如今的金属色带来了一种镜面般的质感。

对页图：现代的亮片是由新泽西州的一名牧场主发明的。

口红发展道路的终点是找到能把性质稳定和容易挥发的硅油融合在一支口红中的方法，而新一代口红的出现正是受到了日本对这两种性质的硅油的混合技术的启发。在新一代口红中，这两种不相容的油类被制成了不含水的乳化液（将两种及以上在通常情况下无法混合的液体制成的混合物）。你或许会对两种不相容的物质能够混合这一点感到困惑——其实只要掌握向其中添加一种主要为乳化剂的物质的方法，就能让它们混合在一起。这听起来或许有点复杂（的确如此），也有点不可靠（并非如此）。你也可以往口红混合物中添加维生素E等其他成分来呵护双唇，或是使用少量可以起到滋润皮肤效果的植物油。

过去和现在的口红最大的区别在于，新一代口红主要由硅油制成，并加入非常少量的植物油，让口红能够长时间地停留在皮肤表层，而且不会让嘴唇发干。

除了能提高化妆品的总体质量和延长口红颜色的持久度，硅树脂的应用最有趣的一点在于，该项科技能够被运用到各类产品中，比如用在粉底中的硅树脂就和用在口红中的硅树脂几乎一样，就是最能清晰说明这一点的例子。

最早的液体粉底是油包水或水包油的经典护肤配方制成的乳剂。外层的水在接触到皮肤的一刹那会带来清爽的感觉，因此粉底适合采用水包油的配方。不过，当把颜料（不同的色号）加入水中时，粉底的质地会变干，上妆时不易推开，“游戏时间”较短——业内行话，意思为“粉底在变干之前留出的可使用时间”。

90年代末，反相乳液——用硅油包裹水分子——的出现带来了巨大的改变，让粉底质感更加清爽，上妆时间更加充裕，可创造出更加顺滑的使用效果。添加易挥发的硅油，制造不易脱妆

的粉底——和口红一样——成了油包水型配方的又一项改进。

硅油和聚合物的结合是长效持妆粉底技术的突破，能够在面部形成一张柔韧的网面。第一批运用该技术的粉底产品包括露华浓的ColorStay、兰蔻的Teint Idole和欧莱雅的Color Resist。不过，这类粉底也有缺憾，一些使用者感觉不够清爽，等待硅油挥发（需要花上一段时间）的过程中粉底略感滑腻。和口红一样，全球化妆品行业不约而同地又从日本科技中汲取灵感，向粉底中加入更多水分，获得更加轻盈、清爽的使用感受。

在2000年左右诞生的新一代粉底同样从日本技术和底漆生产流程中汲取了灵感。这些粉底都是硅油包水的乳液，溶液含水量很高，很难达到稳定状态，不过关键在于其中含有的酒精成分（这是主要区别）。许多粉底液如今都按照这个配方进行生产，所以我们才有了更加轻薄、水润的粉底产品，质地和妆感更为轻盈，但遮瑕功用不减，并能营造出好气色——比旧款粉底厚重的配方改进了太多。

截至目前，粉底发展的最新阶段是无水粉底的出现。无水粉底用大量酒精和易挥发的硅树脂代替水，它们在上妆过程中会很快挥发。

粉底几经演变，其中的成分变化不多，最关键的乳液得以一直保留，通过不同的成分混合方式得到不同的产品。实话说，即便化妆品行业一直在不断创新，努力创造出下一个明星产品，选择哪一款粉底全凭个人对水、酒精和油基底产品的偏好。话虽如此，新产品的新奇感永远让人难拒诱惑！总而言之，无论你喜欢什么效果的产品，我们都已经告别了30年前油腻、干燥、涂着厚厚彩妆的脸。

硅酮、聚合物和高弹体——与化妆品级颜料一起——让如今的粉底在皮肤上创造出了一层柔韧的网状罩面，而这项技术在未来会持续发展和改进。

摄影：Irving Penn；版权所有：Condé Nast，*Vogue*，2012 年 9 月

麦当娜：彩妆界的终极变色龙

至今保持全球唱片销量最高纪录的天后麦当娜是不按常理出牌的百变艺人，是极富再创造力的大师，功力非其他明星所能企及，她在过去 30 年中的大红大紫离不开她的百变造型。麦当娜曾经说："我就是自己的实验品，是自己创造出来的艺术品。"或是用《时尚》（*Vogue*）的歌词来说："美丽就在你发现它的地方。"

麦当娜全名麦当娜·露易丝·西科尼（Madonna Louise Ciccone），于 1958 年出生在底特律郊区。1976 年，拿到舞蹈类奖学金的麦当娜进入密歇根大学，但是没过几年就辍学离校，搬往现代舞的圣地纽约。在酒吧中沉溺了一段时间之后，麦当娜在 1982 年拿到了第一张唱片合约，《假日》（*Holiday*）、《边界》（*Borderline*）和《幸运星》（*Lucky Star*）让她声名鹊起，三年之后就登上了麦迪逊广场花园的舞台。

麦当娜戴一串手镯和蕾丝手套的朋克造型受 20 世纪 80 年代的形象设计师马里波（Maripol）影响，她的第一个经典妆容也与其相得益彰，带有 80 年代银幕女神的气质。这个妆容集结了所有经典元素：眼尾上挑的黑色眼线、在眼窝上晕开的阴影线条和红色双唇。

麦当娜曾提及电影黄金时代和好莱坞影星从幼年时期起对她产生的深远影响，这种影响在她的职业生涯中清晰可见。在《物质女孩》（*Material Girl*）的音乐录影带中，她再现了玛丽莲·梦露在《绅士爱美人》（*Gentlemen Prefer Blondes*）中"钻石是女孩的挚友"的造型；《表达自我》（*Express Yourself*）取材自默片《大都会》（*Metropolis*）；90 年代的《时尚》通过视觉效果和歌词编曲向她的一众女神致敬：玛琳·黛德丽、珍·哈露、卡洛尔·隆巴德（Carole Lombard）和丽塔·海华丝（Rita Hayworth）。她还尝试过很多造型，无法在此一一详述。

除了唱歌、演戏和尝试不同的风格，麦当娜也出版过著作，还是操持着多家多媒体公司的精明生意人。

艾米·怀恩豪斯

如今的名流比较喜欢锁定某个特定造型，并自始至终地保持下去。当面临多种选择时，他们倾向于做减法，根据当时的心情和时下的潮流来做适当的改变。不过，才华横溢的英国唱作人艾米·怀恩豪斯（Amy Winehouse）是个例外，除了独特的嗓音，她还拥有标签化的、强烈的个人风格。怀恩豪斯以音乐混编创作人的身份，混迹于因青年文化聚集地而闻名的伦敦卡姆登区（Camden）。她和书中提及的其他偶像一样深受历史的影响，从她的造型中就可见一斑：她海报女郎风的性感服饰、不讨喜的蜂窝头和夸张的妆容中都不难看出克利奥帕特拉、贝蒂·格拉宝（Betty Grable）、“瓦格女郎”系列插画（Vargas vixens）和包括“罗尼特”（Ronettes）在内的 60 年代女子组合的痕迹。

美籍化妆师瓦莉·奥莱利（Valli O'Reilly）曾透露自己是怀恩豪斯造型的设计者，她说：“她很快就适应了眼线和其他所有的设计，这对她而言是第二天性。”怀恩豪斯的风格虽然强烈，但也并不复杂，奥莱利说，他们通常只需 15 分钟就能完成整个妆面。复古红唇需要质地柔滑的芮谜唇笔搭配 Uni 牌口红——炽烈、复古的哑光蓝调红色与怀恩豪斯的古着风格配合得天衣无缝；浓重宽大的眼线在尾部上翘，成为几乎永恒不变的标志，你基本看不到她不画眼线的时候。芮谜的液体眼线和带毡头的上妆工具是打造这种眼线的法宝，她有时也会用它来点一颗美人痣。怀恩豪斯的睫毛天生又密又长，所以无须再用假睫毛，不过她的眉毛却略显稀疏，所以奥莱利用眉粉填补空隙，打造更有型、更复古的眉形。

怀恩豪斯年仅 27 岁便不幸去世，但她对流行文化的影响至今存在，体现在粉丝和其他名流身上。Lady Gaga 曾把模仿怀恩豪斯造型的照片发在 Instagram 上，以表达敬意；让·保罗·高提耶（Jean Paul Gaultier）在 2012 年举办了以怀恩豪斯为灵感缪斯的时装秀，向她致敬。

后记

我想像你一样

模仿最爱偶像的妆容这个想法着实不再新鲜了。20世纪早期的电影和社会杂志催生出了这股模仿热潮，而在过去的近十年中，这股潮流达到了狂热的巅峰，不管是浏览网页还是经过杂志架，“跟着明星学化妆”的标题都会跃入你的视线。

想要寻求归属感的族群心态也不是一个新话题了——为什么我们会被说服去购买新上市的粉色唇釉？为什么我们会把它涂在唇上？这些是人类学家和学者们在数年间绞尽脑汁思考的问题。在我最爱的书之一《人即艺术》（*Man as Art*）中，研究新几内亚文化的人类学家安德鲁·斯特拉森（Andrew Strathern）展示了那里部落的绝美照片。斯特拉森仔细地研究了每个部落闻所未闻的礼仪习俗和艳惊四座的脸部与身体彩绘，并在引言部分写道：“脸部彩绘是……一项严肃的活动，人们通过彩绘的设计划分出男性和女性互为异性的身份。”换言之，除了起到最浅显的美化作用，这类妆容和装饰还意在促进两性间的吸引力和表达群体认同感。

群体认同感——即我们属于“我们的族群”的感觉——在全世界化妆品的使用中都清晰可见。青少年时期的我们不是都希望被群体接纳吗？而我们这代人会通过黛比·哈利（Debbie Harry）式的腮红和唇彩或是情绪硬核音乐风格的黑色烟熏眼妆来表达这种诉求。不论我们是想让自己看起来像心中最爱的银幕偶像、名流、模特还是歌手，我们都在向外部世界表达自我，展示自己属于某个群体。

我们正处在追求无瑕完美的时代，全球化妆品行业发展的速度前所未有，使其成为现代最成功的行业之一。

来自索马里的超模和企业家伊曼·鲍伊（Iman Bowie）在她为摄影家阿特·沃尔夫（Art Wolfe）的作品《部落》（*Tribes*）作序时写道："从高级时装设计师的秀场到巴西热带雨林的深处，我们都在人类共同的基本需求的驱使下表现出更深层次的自己。人生在世，境遇各有不同，无论身处工业文明的哪个阶段，我们都是冲动掌控下的凡夫俗子。"我们想要呈现最美一面的直觉来源于繁殖后代的原始冲动。

网络时代的美丽面孔是经过数字手段提升后的完美面容，从好莱坞的一线明星，到全球数以百万计的年轻女性每天发布在社交平台上、不断被刷新的照片，这些面孔皆是如此。化妆品和美容产品技术的进步让我们可以相对轻松地调节自己的肤色、肤质、脸型和身份。不论是在东方还是西方，种族、性别和身份之间的界限正在日益模糊。美丽的标准正在经历一个均质化和全球化的趋势，完美的重要性已经盖过了个人特征。

五年前我们中有多少人会在拍完照片后修图，比如把最近电视真人秀明星的睫毛移到自己的眼睛上？在历史学家玛德琳·马什看来，"如今的化妆品产业就是对完美的追求和无情的商业模式结合后的产物。"和祖母辈认为涂个提亮肤色的口红就算美美地画了一个妆的思想大不同，如今，美容护理的标准提高了好几个档次，一次性在脸上抹数十种彩妆产品也并不罕见。用妆容表达自我和使用化妆品掩去瑕疵、呈现最美面容的乐趣，已经被全天候展现仿若身处红毯的完美妆容的压力所取代了吗？这种压力似乎正在助长自拍一代的自恋情节，许多人认为他们需要无时无刻画着精致无瑕的妆容。

"我们需要记住，那些经过修饰因而看似完美得无可挑剔的明星和脸书上的照片都不是真实生活的再现，在日常生活中几乎无法复制，"心理学家伊莱恩·斯莱特（Elaine Slater）如是说，"化妆的范围很广，一边是素面朝天，另一边是近乎动画人物般的极致完美面容，不过日常妆容还是有中间路线可走：只关乎妆出最美——健康、容光焕发和青春——不在于化得像谁。"

如今，似乎连普通女孩对化妆的知识储备都和最杰出的化妆师一样丰富，能把自己的化妆技巧带到专业水平。虽然社交媒体会让我们觉得随时随地要"带妆待命"，它也产生了积极的作用。YouTube网站和美容博客建立起信息共享的平台，除了在卧室里拍摄的播客，我们还能以其他前所未有的方式领略化妆专业知识的世界。我还记得首次观看美容播客时，我在想，这个仅仅是产品用户的年轻女孩能以如此专业的方式讲解化妆品的使用方法，简直太了不起了。

即使在杂志上刊登再多的广告或是精心策划

美虽然在观察者的眼中，

但有时也需要把愚蠢或被误导的观察者揍得乌眼青。

——猪小姐（Miss Piggy）

的报道，都比不过某个和公司不存在利益关系的个人的真实评价更吸引眼球。不过随着品牌开始用金钱换取播主对产品的好评，如今这种形式已经开始变质。

当今，产品购买最强大的动力来自独立美容论坛上点对点的推介，我摄制的教程收到了来自全球各地女性的积极反馈，从印度到澳大利亚，从青少年到年过五旬的女性——这就是证明。这也反映和证实了化妆能够成为一项颇具凝聚力、会提升信心的活动，上妆的过程让人不仅放松，而且回味无限。

从浅显的角度看，绝大多数人从未思考过为什么我们会按照某种方式来化妆——要回答这个问题并不容易。内奥米·沃尔夫（Naomi Wolf）的著作《美的神话》（*Beauty Myth*）把关于美丽的争论在90年代初期推向了高潮，她在书中表示使用化妆品（节食减肥、做整形手术等等也如出一辙）是“对女权主义凶猛的回击，把女性之美当作阻碍女性进步的政治武器。”之后的后现代女性主义思想稍显温和，比如丽兹·弗罗斯特（Liz Frost）在1999年发表的论文《穿搭》（*Doing Looks*）中指出“化妆不再被视作备选项，而是一个可以提供愉悦、创造性表达等价值的核心认同过程。”“我们有更多的选择”看来是个更贴合实际的观点，正如斯莱特总结的那样：“化妆关键看你怎么做，这是一个选择。”

只要大量不同风格的美能够被社会所“接受”，并且无须像古希腊和文艺复兴时期的意大利前人一样恪守唯一的标准，化妆品就可以成为赋权的手段。“在一个理想的世界中，我们无须千篇一律，”马什表示，“不存在所谓的完美脸庞或完美外表。每个女性的化妆包的中心都有一个悖论，和所有的悖论一样无解。”

我爱化妆品，它富有创意、趣味无限。不论是自己化妆还是给别人上妆，用化妆品遮盖下巴上暂时的缺憾而能让人立刻充满自信，这个事实让我满心欢喜——一抹腮红带出更健康的气色，一层睫毛膏让眼睛有神，用俗语来说就是：“美丽的容貌带来愉快的心情。”我个人希望能出现“素颜日”，让世界在那几天接受我本来的面貌，而在其他时间则命令自己用烈焰红唇来抵挡世界的残酷。如果你需要看起来坚强有力，化妆品也如同上战场前抹在脸上的油彩，突显你的锐气。有些女性选择素面朝天，有的选择轻描淡抹，有的在每天清晨上班的地铁上把自己涂抹得花枝招展。我们在世界上的许多地方都取得了长足的进步。

最后我想说，享有接受良好教育的机会，和可以随意选择或放弃红唇与烟熏妆的自由，是赋予女性权利的两种最好的方式。

致谢

我要感谢的人太多，一时不知道从谁开始，用兴师动众来形容也不为过。开始动笔写作的时候，我天真地认为只凭借一位朋友的帮助，我就能搞定绝大部分的资料搜集和研究。我当时在想什么？！工作的推进让我越发清楚地意识到任务的艰巨，每一次调研都打开了一个等待探究的新领域，产生了亟待验证的事实依据。我要感谢过去20年中读过的书籍和论文的作者——学者、考古学家、科学家、历史学家、艺术家和心理学家，虽然书中并未直接引用他们的言论，但他们却影响并激励着我。我也要感谢供职于彼得·弗雷泽和邓禄普公司的经纪人詹奈尔·安德鲁富有感染力的热情和鼓励，正是她——我网站的粉丝，尤其喜欢我关于化妆品历史的帖子——成功地说服我，让我相信我能够把个人兴趣转化成读者愿意阅读的书籍。我还要感谢冷静又耐心的编辑戴维·卡申和纽约艾布拉姆斯出版社的所有团队成员给我这个难得的机会，并给我以自己的方式进行写作的自由。对于优秀的图片编辑妮基·麦克拉伦，我也抱有无限的感激，她是笑容挂在脸上的可爱同事，是通过长时间辛勤努力帮我实现图书视觉设计构想的可敬之人。我同样要感谢的还有莫菲·简·斯普洛特，她提供了额外的图片搜集和研究、支持和创意方面的帮助。我要把最真挚的感谢献给杰奎琳·斯派塞，她慷慨地让我参阅她的论文和关于文艺复兴时期化妆、化妆品和《实验》一书的珍贵工作成果。我也要给富有远见的历史学家玛德琳·马什大大的拥抱和热烈的亲吻，她用无限活力鼓舞着我，并允许我借用并拍摄她的精美古董化妆品藏品为本书所用。每一个忙碌的女性后面都有一群出众的女性：提供建议、调研和编辑支持的卡雷娜·卡伦、凯瑟琳·特纳和索菲·米辛；在这个漫长过程中最黑暗的时刻里听我抱怨的好友索菲亚和黛博拉，还有我的母亲；帮我协调日程、让我腾出时间完成书籍的得力干将（各方面都完美无缺——你们俩太棒了！）——美丽的杰西·理查森和乔伊·埃尔斯；我也要感谢富有年轻朝气、工作勤奋努力的乔什·戴尔和丽贝卡·布兰肯西普牺牲部分暑假时间来完成基础性的研究工作。我要感谢大英博物馆接受我的请求并提供大量的资料。我也无比感激乔·莫特斯海德和伦敦斯普林工作室先后两次慷慨相助，允许我借用员工和设备。谢谢康泰纳仕出版公司档案馆——尤其是布雷特·克罗夫特和哈丽特·威尔逊——允许我长时间地徜徉在阿拉丁的藏宝洞般的图书馆中，在阅读和复印*VOGUE*原稿中度过有趣的时光。

我要感谢罗宾·缪尔关于早期杂志的绝佳见解，每次和他的谈话我都受益匪浅。非常感谢所有帮助我收集相关信息的品牌，尤其是克里斯蒂安·迪奥公司品牌文化及遗产经理弗雷德里克·布尔德利耶对我的热烈欢迎和不计时间的帮助。感谢欧莱雅奢侈品实验室首席科学家、女超人韦罗妮克·鲁利埃以及GEKA制造公司相关人员牺牲自己的时间为我提供帮助。向玛琳·黛德丽的外孙彼得·里瓦致以我最谦卑的敬意，他对祖母的描述让我能够准确、有深度地描述她的日常保养、癖好和美好的品质。此外，我对超凡的化妆师瓦莉·奥莱利付出的时间和渊博的知识心存感激。

我需要大量的配图让书中的文字更加生动，非常感激居内伊特·阿克鲁格鲁的倾力相助和对这个项目的热情，以及由他拍摄的精美封面。对于所有参与的摄影师和摄影工作室的鼎力支持和付出的时间，我表示由衷的感激：索威·桑德波、丽兹·柯林斯、欧文·佩恩基金会、理查德·埃夫登基金会、康泰纳仕出版公司档案馆、特伦克档案馆、马特·莫尼彭尼、墨特·阿拉斯和马可斯·皮戈特、艺术+贸易公司、艺术伙伴公司、盖蒂图库、科尔比斯图库、布里奇曼图书馆、玛丽·埃文斯图片库、理查德·伯布里奇、广告档案馆、迈克尔·鲍姆加腾、雷蒙德·迈耶、塞尔日·芦丹氏、马里奥·索兰提与帕特里克·德马舍利耶。特别感谢戴维·爱德华兹为全书拍摄古董化妆品的照片，这些精美又富有生命力的图片为本书增色添彩。

我也要由衷地感谢所有浏览过我的网站或观看过我制作的视频的读者和粉丝，感谢你们让我能够孜孜不倦地研究古旧的粉底盒、发霉的旧口红和关于美丽的古老传说，谢谢你们让我知道，为化妆品痴迷的不止我一人。

最后的最后，我要感谢我机智又可爱的先生罗宾。在我最初宣布我考虑写书的时候，他警告我说，写书是“对耐力的考验”，也是“一场噩梦”。我当时只觉得你太过消极，可是我在发现自己深陷写书的泥潭后又不得不承认（仅此一次）你是对的。谢谢你在这场持续两年的耐力考验中给我的无限支持，让这本书能够完完全全按照我的设想和读者见面。没有你，我无法完成这一切。此外，还要感谢我的儿子乔治和卢克的支持，你们是妈妈心中最棒的孩子。

图片来源

除特别注明外，所有产品图片均由大卫·爱德华兹拍摄

2: Paolo Roversi / Art + Commerce; 7, 8, 11: Cuneyt Akeroglu; 12: Photograph by Irving Penn; © Condé Nast. *Vogue* November 1994; 15: Richard Burbridge / Art + Commerce; 17: Goyo Hashiguchi, Museum of Fine Arts / Boston, Gift of Miss Lucy T. Aldrich; 18: Raymond Meier / Trunk Archive; 21: Rouge, October 1922, Shinsui, Ito (1898-1972) / Minneapolis Institute of Arts, MN, USA / Gift of Ellen and Fred Wells / Bridgeman Images; 22: Wellcome Library, London; 25: Portrait of Queen Elizabeth I - The Armada Portrait (oil on canvas), Gower, George (1540-96) (manner of) / Private Collection / Photo © Philip Mould Ltd, London / Bridgeman Images; 26: *Madame de Pompadour at her Toilette*, c.1760 (oil on canvas), Boucher, Francois (1703-70) / Fogg Art Museum, Harvard Art Museums, USA / Bridgeman Images; 28: British *Vogue*, March 1st 1974, Shot by Eric Boman (Outtake), *Vogue* © The Condé Nast Publications Ltd; 29: Louise-Henriette-Gabrielle de Lorraine (1718-88) Princess of Turenne and Duchess of Bouillon, 1746 (oil on canvas), Nattier, Jean-Marc (1685-1766) / Château de Versailles, France / Bridgeman Images; 31: Cuneyt Akeroglu; 35: *Portrait of Queen Marie Antoinette of France*, 1775. Artist: Jean-Baptiste André Gautier d'Agoty, Fine Art Images / Heritage Images / Getty Images; 36: Queen Alexandra by Sir Samuel Luke Fildes, Royal Collection Trust / © Her Majesty Queen Elizabeth II 2015; 39: *Portrait of a Lady*, c. 1460 (oil on panel), Weyden, Rogier van der (1399-1464) / National Gallery of Art, Washington DC, USA / Bridgeman Images; 40: Makeup pot with molded tablets of white lead, all having the same diameter and weight (2.75 cm and 5.5 g). Found in a tomb from the 5th c. BC; 41: Photo by CM Dixon / Print Collector / Getty Images; 42-43: Photographs by Irving Penn; © Condé Nast. *Vogue* November 1964; 44: Tang court ladies in a fresco painting at Lady Li Xianhui's tomb. / Pictures From History / Bridgeman Images; 45: China: Wu Zetian (Empress Wu), 624-705, Empress Regnant of the Zhou Dynasty (r.690-705) / Pictures From History / Bridgeman Images; 47: Bust of Poppaea Sabina / National Roman Museum in Palazzo Massimo / FOTOSAR; 48: Wellcome Library, London; 51: Photography by Mert Alas and Marcus Piggott / Art Partner; 52: Portrait of Lola Montez (1821-61), 1846 (w/c on paper), Roqueplan, Camille-Joseph-Etienne (1800-55) / Musee de la Ville de Paris, Musee Carnavalet, Paris, France / Archives Charmet / Bridgeman Images; 55: Raymond Meier / Trunk Archive; 57: Portrait of Catherine de Medici, Queen Consort of King Henry II of Valois, c. 1547-59 (oil on canvas) / Galleria degli Uffizi, Florence, Italy / De Agostini Picture Library / Bridgeman Images; 58 (left): Queen Elizabeth I (*The Ditchley portrait*) by Marcus Gheeraerts the Younger, oil on canvas, circa 1592, National Portrait Gallery, London; 58 (right): Lettice Knollys by George Gower, Courtesy of Longleat Estate; 61: Beata Beatrix (oil on canvas), Rossetti, Dante Gabriel Charles (1828-82) / Birmingham Museums and Art Gallery / Bridgeman Images; 62: Sølve Sundsbø / Art+ Commerce; 64: Bettmann / CORBIS; 65: A detail of a painting from the tomb of Nakht depicting three ladies at a feast / Werner Forman Archive / Bridgeman Images; 66: Bust of Nefertiti from Altes Museum Berlin, Germany, Anna Bartosch-Carlile / Alamy; 67: Photograph of Sophia Loren by Chris Von Wangenheim, 1970, Licensed by VAGA, New York, NY; 68: *Woman at her toilet*, Boucher, Francois (1703-70) / Private Collection / Photo © Agnew's, London / Bridgeman Images; 71: Photograph of Iekeliene Stange by Patrizio di Renzo for Swiss jeweler Majo Fruithof; 72: *Portrait of Demos*, young woman, encaustic painting on wood, 38x21 cm, Roman era painting (1st-2nd century) from El-Faiyum, Egypt. Getty Images; 73: Getty Images, 1955, Photo by Carlton / Housewife / Getty Images; 74: Kitagawa Utamaro / Brooklyn Museum / Corbis; 76, 77: Cuneyt Akeroglu , makeup by Lisa Eldridge; 78: Penelope Tree, New York, June 1967 © The Richard Avedon Foundation; 80: Nefertiti (14th century B.C.), queen-consort of Pharaoh Akhenaton, Egyptian Museum in the Altes Museum Berlin / Universal History Archive / UIG / Bridgeman Images; 83: Meena Kumari, The Times of India Group, BCCL; 84: Brigitte Bardot, Sam Levin / Ministère de la culture / Sunset Boulevard / Corbis; 87: Audrey Hepburn, Photoshot; 89: Patrick Demarchelier / Trunk Archive; 90: British *Vogue*, late July 1926, illustration by Eduardo Benito, *Vogue* © The Condé Nast Publications Ltd; 92: British Library; 93: Opera Dress with ribbon and large collar matching with a bonnet, from La Belle Assemblée, by G.B. Whittaker, Hand-colored etching, England, 1827, Victoria and Albert Museum, London; 94: Getty Images; 95: *Les Modes* cover, 1901, No. 12, Bibliothèque nationale de France; 96: Madame Sarah Bernhardt in her dressing room (litho), Renouard, Charles Paul (1845-1924) (after) / Private Collection / © Look and Learn / Bridgeman Images; 97: Billie Burke column from *The Day Book* - Chicago, March 1913; 98: Courtesy of E Movie Poster; 99: Courtesy of The Advertising Archives; 101: Illustrated London News Ltd / Mary Evans; 102: Courtesy of The Advertising Archives; 103: Herbert Bayer, *Harper's Bazaar*, August 1940, image courtesy of Hearst; 104: Courtesy of The Advertising Archives; 106: Jean Harlow, *Photoplay*, December 1931; 107: Rexfeatures; 108: Courtesy of archive.org; 109: Courtesy of The Advertising Archives; 113: Theda Bara as Cleopatra, 1917, mptvimages.com; 115: Corbis; 116: Everett Collection/REX; 119 Anna May Wong from *Limehouse Blues*, 1934, Paramount / Getty Images; 120: Corbis; 123: Photo by Margaret Chute / Getty Images, Max Factor instructs English actress Dorothy Mackaill; 125 (top left): Photo by Underwood Archives / Getty Images, Actress Anna Q Nilsson getting her lashes done by Percy Westmore, 1926; 125 (middle right): House of Westmore, 6638 Sunset Boulevard, Hollywood (interior lobby); 125 (bottom right): Westmore brothers, 1939 by Peter Stackpole / The LIFE Picture Collection / Getty Images; 127 (top): Courtesy of Max Factor; 128: Courtesy of The Advertising Archives; 131: George Maillard Kesslere Estate; 133: "Your Cosmetic Portrait" pamphlet, 1935, Courtesy of the Jewish Museum New York; 134: Elizabeth Arden, 1928, Mary Evans / SZ Photo / Scherl; 135: Elizabeth Arden, 1935, Getty Images / Hulton Archive; 136, 137 (top): Courtesy of The Advertising Archives; 137 (bottom): Elizabeth Arden Red Door Spa, Courtesy of Elizabeth Arden; 138: Charles Revson, 1960, Hulton Archive/Getty Images; 140, 141: Courtesy of The Advertising Archives; 142 (right): Photo by Leonard McCombe / The LIFE Picture Collection / Getty Images, fashion model, Suzy Parker talking to Charles Revson; 144: Mary Evans Picture Library / Epic; 145: Mary Evans / Everett Collection; 147 (top): Keystone-France / Gamma-Keystone via Getty Images; 148 (top): *Evening Standard* / Getty Images; 149: Gian Paolo Barbieri; 151: Marlene Dietrich, 1945, Popperfoto / Getty Images; 152 (top): Marilyn Monroe, 1953, photo by Gene Kornman / John Kobal Foundation / Getty Images; 152 (middle): Photograph by Milton H. Greene ©2015, Joshua Greene, www.archiveimages.com; 152 (bottom left): Marilyn Monroe, 1945, photo by William Carroll / Corbis; 152 (bottom right) Marilyn Monroe, 1948, Mary Evans; 155: Photograph by Irving Penn; © Condé Nast. *Vogue* June 1968; 156: British *Vogue* June 1971, shot by Peter Knapp, *Vogue* © The Condé Nast Publications Ltd; 160-161: Glass Tears (variant 2 eyes), 1932 © Man Ray Trust / ADAGP, Paris and DACS / Telimage London 2015; 162 (top): David Bailey / Vogue © The Condé Nast Publications Ltd., British *Vogue* cover, September 15th, 1965; 162 (bottom): Franco Rubartelli / Condé Nast Archive / Corbis; 164-165: Courtesy of Mia Slavenska Film and Photo Collection; 166: Backstage at John Galliano SS11, Imaxtree; 167: Liz Collins / Trunk Archive; 170: Photograph by George Hurrell, Joan Crawford, ca. 1932; 174: United Artists / Getty Images, Lucille Ball in *Lured*, 1947; 176: Courtesy of Duke University's Special Collections; 177: Courtesy of The Advertising Archives; 178: Photograpy by Mert Alas and Marcus Piggott / Art Partner; 181: Courtesy of The Advertising Archives; 182 (right): Mary Evans / Retrograph Collection; 183: American *Vogue*, shot by Horst P. Horst, July 1939, *Vogue* © The Condé Nast Publications Ltd; 184: Getty Images / Paul Popper / Popperfoto; 185: Marisa Berenson in Capri, 1968, photograph by Slim Aarons / Hulton Archive / Getty Images; 189, 190, 193: Courtesy of The Advertising Archives; 194: Advertisement courtesy of The Advertising Archives; 195 (bottom): Coco Chanel, 1936, Lipnitzki / Roger Viollet / Getty Images; 196: (bottom): Image courtesy of Dior Heritage; 197: Drawing René Gruau for Dior Rouge, 1953, SARL René Gruau, image courtesy of Dior Heritage; 202: Photography by Gilles Bensimon / Trunk Archive, model Beverly Peele for *Elle* magazine, November 1992, makeup by Kevyn Aucoin; 205: David Steen, Camera Press London; 206: Elizabeth Taylor, Beverly Hills, California, April 21, 1956 © The Richard Avedon Foundation; 209: Photoshot; 210: Mario Sorrenti / Art Partner; 214: Richard Burbridge / Art + Commerce; 216: Nick Knight / Trunk Archive; 217: British *Vogue* Dec 2010, shot by Lachlan Bailey, makeup by Lisa Eldridge, *Vogue* © The Condé Nast Publications Ltd; 218: American *Vogue*, shot by Irving Penn, Sept 2012, *Vogue* © The Condé Nast Publications Ltd; 221: Madonna, 1984, © Tony Frank / Sygma / Corbis; 222: Bryan Adams / Trunk Archive; 224: Photography by Mert Alas and Marcus Piggott / Art Partner, makeup by Lisa Eldridge.

出版后记

英国化妆师丽莎·埃尔德里奇是最早开始利用大众传媒向观众传播自己的美妆与护肤理念的顶级化妆师，也是顶级化妆师中将个人传媒平台应用得最好的一位。她在繁忙的工作间隙通过镜头向观众传达的，是她充满个人风格的化妆技巧精髓。你不会看到她刻意宣传某些高端产品，而会看到一位早已功成名就的业界大师不加保留地施展她化妆刷的魔力，为每一位各有缺点的模特遮掩瑕疵，提升气色，设计能令她们扬长避短、充分展现魅力的妆容。她的舞台不只在红毯上，在T台的化妆间里，在普通女性只能在电视或杂志上一瞥的地方，也在普通的日常生活中，她一直在热忱地用自己的技能和灵感帮助有需要的人变得美丽而自信。

她对化妆事业的热爱源自童年，深入骨髓，这种感情使得她在放下化妆刷的时候拿起了笔，为化妆品著书立传。在她看来，化妆品不仅仅是颜料，在人们发现美、创造美和评判美的行为背后，从审美的对象——通常是当时的女性身上折射出的价值观，深深地扎根在当时社会的经济发展与政治语境中，以并不隐晦的方式反映了当时女性的生活现状，权利与自由，以及对自我的评判与预期。

埃尔德里奇希望读者能重新认识自己的化妆包，意识到如今自己认为理所当然、简单方便的日常美妆行为，在几个世纪前却往往要耗费大量心力，而且常常是以不可逆转的毁灭为代价的。历史的奇妙变迁，人类对美的永恒追求，时代先锋对潮流与商机的把握，尽在这样一本为你娓娓道来的文化史书中。

服务热线：133-6631-2326　188-1142-1266

服务信箱：reader@hinabook.com

后浪出版公司

2017年2月

图书在版编目（CIP）数据

彩妆传奇 /（英）丽莎・埃尔德里奇著；钟潇译
.—北京：北京联合出版公司，2017.2（2022.3重印）
ISBN 978-7-5502-9927-6

Ⅰ.①彩…　Ⅱ.①丽…②钟…　Ⅲ.①女性—化妆—基本知识　Ⅳ.①TS974.12

中国版本图书馆CIP数据核字（2017）第035360号

彩妆传奇

著　　者：［英］丽莎・埃尔德里奇
译　　者：钟　潇
出 品 人：赵红仕
选题策划：后浪出版公司
出版统筹：吴兴元
责任编辑：丰雪飞
特约编辑：刘昱含
封面设计：张静涵
营销推广：ONEBOOK
装帧制造：墨白空间

北京联合出版公司出版
（北京市西城区德外大街83号楼9层　100088）
天津图文方嘉印刷有限公司印刷　新华书店经销
字数242千字　720毫米×1000毫米　1/16　14.5印张
2017年6月第1版　2022年3月第4次印刷
ISBN 978-7-5502-9927-6
定价：99.80元

Dior
CLARINS
Guerlain
maraschino
TF
ROUGE EDITION Velvet
ESTEE LAUDER
Double Wear
Stay-in-Place Makeup
Teint longue tenue
intransférable
SPF 10
baby doll
KISS & BLUSH
YVES SAINT LAURENT
MAX FACTOR
CREME
PUFF
41
MEDIUM BEIGE
play
101 Pencil
ciaté
mini
HYPNÔSE
mini Maxi
CUSHION
BLUSHER
peripera
REVLON
COLORSTAY
MOISTURE STAIN™
REVLON
CHANEL
JUICY TUBES